Queen Victoria

VORN

MITTSCHIFFS

ACHTERN

Deck 4

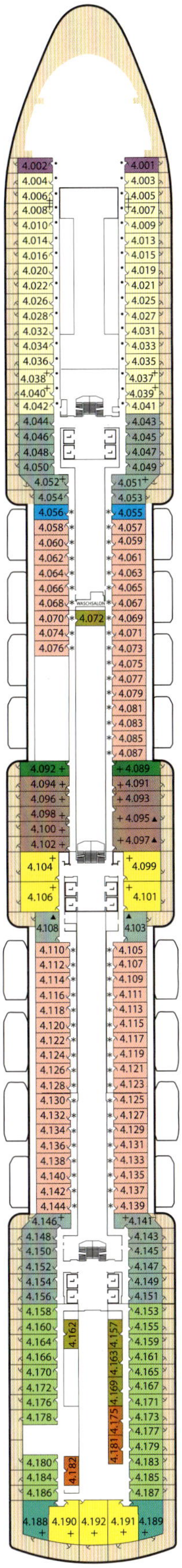

Deck 3

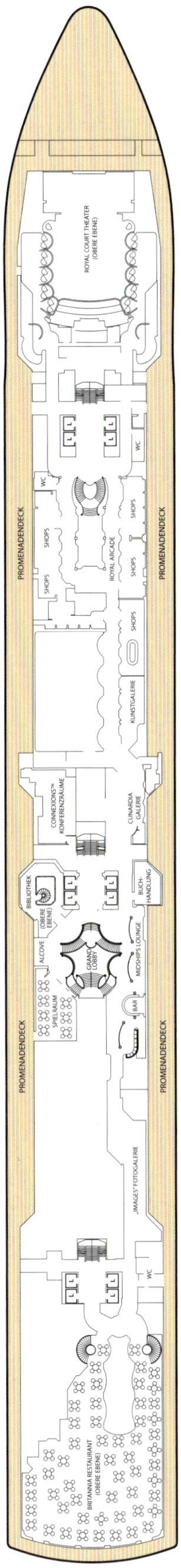

Deck 2

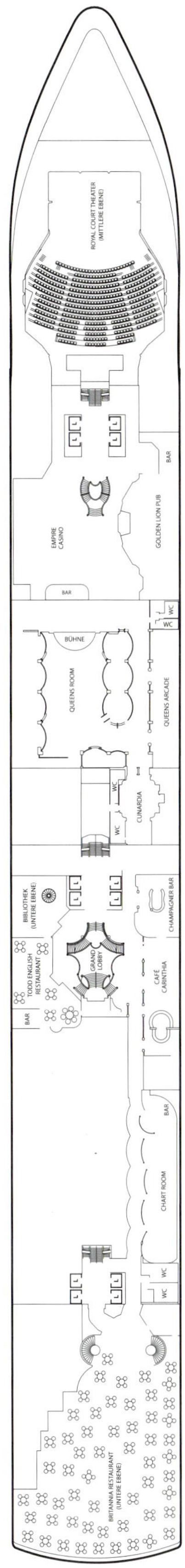

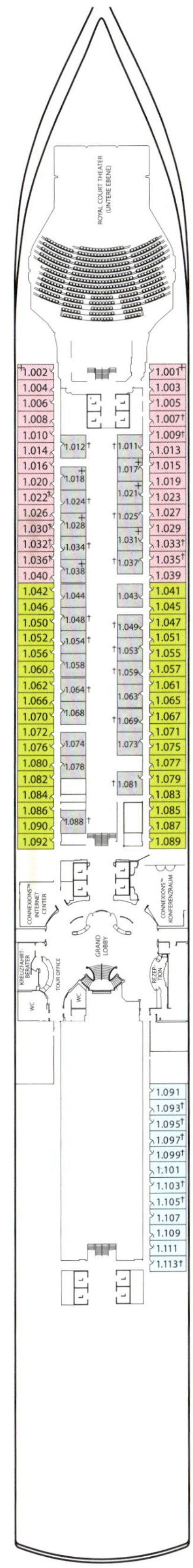

DELIUS KLASING

Ingo Thiel

QUEEN VICTORIA

Königliches Ambiente auf See

Delius Klasing Verlag

Außerdem ist von Ingo Thiel im Delius Klasing Verlag erschienen:
Die Königinnen der Meere - Queen Elizabeth 2, Queen Mary 2, Queen Victoria
(zusammen mit Christoph Engel und Knut Gielen)

Bibliografische Information der Deutschen Nationalbibliothek
Die Deutsche Nationalbibliothek verzeichnet diese Publikation
in der Deutschen Nationalbibliografie; detaillierte bibliografische
Daten sind im Internet über http://dnb.d-nb.de abrufbar.

1. Auflage
ISBN 978-3-7688-3126-0

Text: Ingo Thiel
Schutzumschlaggestaltung: Gabriele Engel
Layout: scanlitho.teams, Cordula Kreft
Reproduktionen: scanlitho.teams, Bielefeld
Druck: Kunst- und Werbedruck, Bad Oeynhausen
Printed in Germany 2010

Delius Klasing Verlag, Siekerwall 21, D - 33602 Bielefeld
Tel.: 0521/559-0, Fax: 0521/559-115
E-Mail: info@delius-klasing.de
www.delius-klasing.de

INHALT

Vorwort

ZUM ERSTEN MAL DREI KÖNIGINNEN

Das Jahr 2007 war ein Meilenstein in der langen Geschichte der Cunard Line: Zum ersten Mal in der damals 167-jährigen Firmenhistorie fuhren mit der *Queen Elizabeth 2*, der *Queen Mary 2* und der am 10. Dezember im Heimathafen Southampton getauften *Queen Victoria* drei Queens unter dem roten Löwenbanner der Reederei. Am 13. Januar 2008 kam es zum historischen Stelldichein der drei Königinnen der Meere in New York; zwei Jahre hatten die Vorbereitungen für diesen Tag gedauert. Als die *Queen Mary 2* Kurs auf den Hudson River nahm, hatten sich Zehntausende an den Ufern versammelt. Minuten später kam die *Queen Victoria*, gefolgt von der *Queen Elizabeth 2*. Die drei Königinnen glitten in der Dunkelheit kurz nach 20 Uhr an der Freiheitsstatue vorbei, wo ein großes Feuerwerk gestartet wurde. Die traditionsreiche Geschichte der Queens, die 1930 mit der *Queen Mary* begann, hatte einen glanzvollen Höhepunkt gefunden.

Bereits kurz nach dem Kauf der Cunard Line durch die Carnival Corporation hatte der damalige Cunard-Direktor Larry Pimentel im Juni 1998 in Oslo ausgewählten Partnern das Projekt eines neuen, riesigen Transatlantikschiffes vorgestellt. Damit war klar, dass Carnival beabsichtigte, die Tradition der legendären Ocean Liner fortzusetzen. Ein Jahr später wurde der Bau vom Management auch offiziell angekündigt, mit dem klaren Bekenntnis, ein einzigartiges Schiff vorzustellen: »Es ist unser Ziel, neue Maßstäbe in der Schiffbaukunst zu setzen.« Dass dies nicht übertrieben war, zeigen die hervorragenden Passagierzahlen und die Begeisterung, die die *Queen Mary 2* seit ihrer Taufe durch die britische Königin Elizabeth II. am 8. Januar 2004 in jedem Hafen hervorruft. Aber der Luxusliner der Superlative sollte nicht der einzige Schachzug bleiben.

Die Kreuzfahrtwelt horchte auf, als Cunard Line am 14. Dezember 2001 einen weiteren Neubau ankündigte. Ein zweites Schiff im Atlantikliniendienst hatte Carnival-Vorstand Mickey Arison ausgeschlossen. Das konnte nur bedeuten, dass der Neubau ein reines Kreuzfahrtschiff werden sollte. Ein Konzept, das Cunard Line seit dem Bau der *Cunard Princess* 1977 nicht mehr verfolgt hatte. Der Neubau sollte »Queen Victoria« heißen – 100 Jahre Wartezeit waren damit vorüber. Denn der Name der am längsten regierenden Monarchin Großbritanniens zählte immer zu den Favoriten. 1907 stand er erstmals auf der Liste, aber dann entschied sich das Cunard-Management dafür, das zu taufende Schiff *Mauretania* zu nennen.

Nach einer weit verbreiteten Legende wollte Cunard Line dann die erste Queen 1934 *Queen Victoria* nennen. Wie es noch heute üblich ist, wurde das Königshaus bei einer Audienz um die Erlaubnis gebeten, den königlichen Namen führen zu dürfen. Da die höflichen Briten

Nach 100 Jahren Wartezeit stieß im Dezember 2007 endlich die *Queen Victoria* für Cunard Line in See. Der Name war bereits 1907 Favorit für den damaligen Neubau, doch das Schiff wurde dann *Mauretania* genannt.

selten direkt nach etwas fragen, sondern den zu erbittenden Umstand beschreiben, fragten die Cunard-Vertreter König Georg V., ob sie das neue Schiff nach der größten Königin, die England je gesehen hätte, benennen dürften. Worauf der Monarch zur Antwort gegeben haben soll: »Meine Gattin wäre sehr geschmeichelt.« Da man einen königlichen Wunsch nicht abschlagen kann, musste man das Schiff schließlich *Queen Mary* nennen. Eine schöne Geschichte, die sich so aber nie abgespielt hat. Auch die drei folgenden Queens erhielten andere Namen, obwohl »Victoria« immer eine Option war. Jetzt also war es endlich so weit, aber es dauerte immer noch länger als geplant, bis die *Queen Victoria* in Dienst gestellt wurde.

Während des Baus auf der italienischen Werft Fincantieri bei Venedig wollte das Management der Cunard Line das ursprünglich geplante Schiff modifizieren und großzügiger gestalten. So wurde die Hülle des Neubaus innerhalb der Carnival Corporation an die Reederei P & O abgegeben, die ihn 2005 unter dem Namen *Arcadia* in Dienst stellte. Cunard Line plante noch einmal neu, um das Schiff luxuriöser zu machen. Der Neubau wurde auf rund 90 000 Tonnen vergrößert, was eine Verlängerung um elf Meter bedeutete, und so geplant, dass er gerade noch durch den Panamakanal passte. Außerdem wurden rund 80 Millionen Dollar zusätzlich für die Innenausstattung bereitgestellt. Der Einsatz des jetzt 400 Millionen Dollar teuren Schiffes verzögerte sich dadurch um zwei Jahre. Die zehntägige Jungfernfahrt zu den Weihnachtsmärkten Nordeuropas startete somit erst am 11. Dezember 2007, einen Tag nach der Taufe durch Camilla Mountbatten-Windsor, Gattin des britischen Thronfolgers Prinz Charles.

Risszeichnung der Werft Robert Napier für das erste Cunard-Schiff *Britannia* (oben).

Zeitgenössischer Stich: Die *Britannia* kurz vor der Abfahrt aus Liverpool (unten).

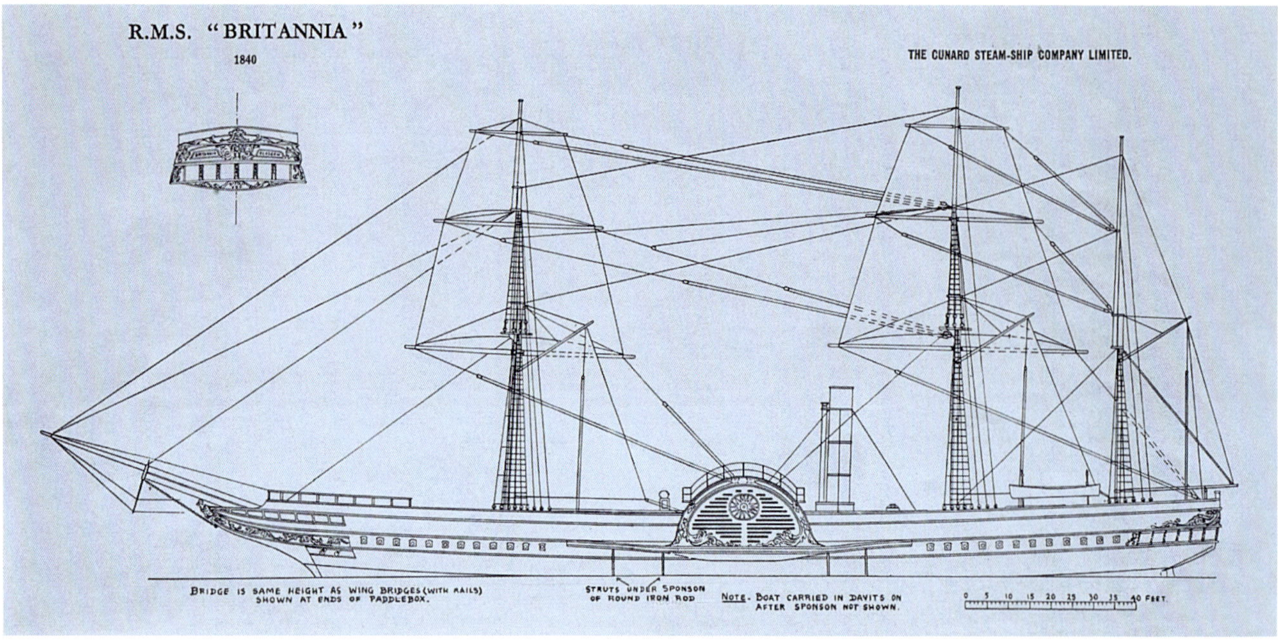

DER PIONIER DES LINIENDIENSTES AUF DEM ATLANTIK

Samuel Cunard erblickte im kanadischen Halifax als erster von fünf Brüdern am 21. November 1787 das Licht der Welt. Bereits als Jugendlicher sammelte er geschäftliche Erfahrungen, als er mit 17 Jahren eine Gemischtwarenhandlung aufmachte. 1808 überzeugte er seinen Vater, die Gesellschaft Abraham Cunard & Sohn zu gründen. Die Firma engagierte sich zunächst im Eisen-, Kohle- und Holzhandel und spezialisierte sich dann auf Transporte mit Schiffen. Erste Erfahrungen im Transatlantikdienst wurden mit dem eigenen Segelschiff *White Oak* gemacht, das regelmäßig zwischen Halifax und London verkehrte. Am 4. Februar 1815 heiratete Samuel Cunard Susanne Duffus, die ihm neun Kinder schenkte, nach dreizehn Jahren Ehe 1828 aber früh verstarb. Cunard war mit 42 Jahren Witwer.

Als Abraham Cunard 1819 in Rente ging und das Geschäft an Samuel übergab, unterhielt das Unternehmen 40 Schiffe und hatte sich den lukrativen Auftrag gesichert, im Dienst der englischen Post den Brief- und Paketservice entlang der amerikanischen Ostküste von Neufundland bis nach Bermuda zu unterhalten. Im Januar 1825 wurde Cunard von der Ostindischen Handelsgesellschaft zum Agenten ernannt und übernahm den Teetransport von China nach Kanada. Zwei Jahre später übergab ihm die kanadische Regierung die Verantwortung für die Errichtung von Leuchttürmen entlang der Küste Novia Scotias.

Seereisen waren um diese Zeit eine beschwerliche Angelegenheit, gerade über den oftmals rauen Atlantik. Die Schlafräume waren mit bis zu 24 mehrstöckigen Betten belegt, in den schmalen Gängen hing die Wäsche zum Trocknen. Man schlief auf harten Holzpritschen von 45 Zentimeter Breite – so tief sind heute die Regalbretter der Bibliothek an Bord der *Queen Victoria*. Bis zu vier Wochen mussten die Passagiere, meist Emigranten mit all ihren Habseligkeiten, in ihren düsteren Kojen ausharren. Und das ohne Toiletten, es gab nur Eimer, die bei stärkerem Seegang umkippten. Waschen konnte man sich nur mit Meerwasser, das gebunkerte Frischwasser wurde zum Kochen und Trinken verwendet. Der Vielreisende Samuel Cunard bemerkte: »Eine Reise mit einem Ozeanriesen ist, als ob man ins Gefängnis kommt – mit dem Unterschied, dass man dort wenigstens nicht Gefahr läuft zu ertrinken.«

Zum Jahreswechsel 1838/39 segelte Samuel Cunard mit der *Reindeer* nach London, als er an Bord eine fünf Wochen alte Anzeige der in Halifax erscheinenden Zeitung »Nova Scotia« las, in der der Postservice zwischen dem Britischen Königreich, Halifax und New York ausgeschrieben wurde. Die Bedingung war, dass Dampfschiffe eingesetzt werden sollten. In London angekommen, gab Samuel Cunard sofort sein Angebot ab. Nach zwölf Wochen harter Verhandlungen erhielt er den Vertrag, weil er freiwillig

Diesen Silberpokal bekam Samuel Cunard nach der Jungfernfahrt der *Britannia* im Zielhafen Boston überreicht. Die begeisterten Einwohner hatten Schmuck und Geschirr gesammelt und einschmelzen lassen. Der »Boston Cup« ist auf der *Queen Mary 2* ausgestellt.

anbot, die Post auch in der gefährlichen Wintersaison zu befördern: Die britische Admiralität gab Cunard am 18. März 1839 den Zuschlag. Abfahrten sollten jeweils am 4. und am 19. eines Monats sein, in den Wintermonaten von November bis Februar war eine Abfahrt monatlich garantiert.

Cunard wandte sich an Robert Napier, der seine Werft auf dem Clyde bei Glasgow hatte, und wollte drei Schiffe mit einer Größe von je 800 Tonnen und 300 PS zum Preis von 30 000 Pfund in Auftrag geben. Napier überzeugte den Reeder aber, größere Schiffe zu bauen, die möglichen heftigen Stürmen bei einer Atlantikreise besser gewachsen wären. Samuel Cunard war dem Vorschlag nicht abgeneigt, scheute sich aber, das finanzielle Risiko allein zu tragen. Napier stellte ihm daraufhin zwei schottische Geschäftsmänner vor, George Burns und David McIver, die einen Fonds auflegten und innerhalb kürzester Zeit 215 000 Pfund von 31 Investoren einsammelten. Cunard legte 55 000 Pfund dazu und nahm als Dank an die schottischen Investoren den schottischen Löwen ins rote Banner der neuen Flotte. Die geplanten Schiffe mit Holzrumpf wurden auf 1156 Tonnen mit 63 Metern Länge vergrößert und sollten 115 Passagiere an Bord nehmen können. Zwei Dampfmaschinen, die 440 PS erzeugten, ergaben eine Betriebsgeschwindigkeit von 9 Knoten. Die Aufträge gingen an unterschiedliche Werften, Napier baute die Maschinen für alle vier.

Am 5. Februar 1840 erfolgte bei Robert Duncan in Greenock der Stapellauf der *Britannia*, Taufpatin war Napiers Nichte Isabella. Die *Arcadia* wurde bei John Wood gebaut, die *Caledonia* bei Charles Wood, Robert Steele legte die *Columbia* auf Kiel. Alle Schiffe waren Dreimaster, der Schornstein befand sich zwischen Vorder- und Hauptmast. Da die Farbe des Rauchfangs durch die hohen Temperaturen schnell abblätterte, experimentierte man beim Bau der *Britannia* mit einer Mischung aus Buttermilch und Ockerfarbe, die zunächst einen Gelbton ergab. Beim Dauerbetrieb aber brannte sich die Farbe ein und veränderte sich – so entstand das berühmte Cunard-Rot.

Am 3. Juli 1840 erschien eine Anzeige im Liverpooler »Mercury«, die die Passage der Cunard-Schiffe ankündigte: Die *Britannia* sollte am 4. Juli fahren, die *Arcadia* am 4. August. Die Überfahrt nach Halifax inklusive Mahlzeiten und Wein kostete 34 Guineen, nach Boston 38 Guineen – ein Arbeiter verdiente damals etwa fünf Guineen pro Woche. Das Trinkgeld für Stewards war obligatorisch und betrug eine zusätzliche Guinee.

Die Jungfernreise der *Britannia* am 4. Juli 1840 begann pünktlich: Um zwei Uhr nachmittags legte der Schaufelraddampfer von der Pier in Liverpool ab und machte sich auf den Weg über Halifax nach Boston. Kapitän Henry Woodruff war der Erste, der ein Cunard-Schiff über den Atlantik brachte. Insgesamt waren 63 Passagiere an Bord – 48 nach Halifax und 15 nach Boston –, unter ihnen Samuel Cunard mit seiner Tochter Ann. Die Passage dauerte zwölf Tage und zehn Stunden; die *Britannia* erreichte Halifax am 17. Juli, drei Tage früher als im Fahrplan vorgesehen, und fuhr nach acht Stunden Liegezeit weiter nach Boston, wo sie am nächsten Abend gegen 22 Uhr ankam.

Die mit allem erdenklichen Luxus ausgestattete *Lusitania* war ein solcher Zuschauermagnet bei Ankünften und Abfahrten, dass Cunard Line nur mit einem Motiv des Schiffes warb. Der Liner holte bereits auf der Jungfernfahrt 1907 das Blaue Band für die schnellste Atlantiküberquerung. Während des Ersten Weltkriegs wurde das Schiff vom deutschen U-Boot *U20* im Mai 1915 in der Irischen See torpediert. Es sank innerhalb von nur 18 Minuten, 1200 Menschen konnten nicht mehr gerettet werden.

Der Stich zeigt die Kabine von Charles Dickens, der sich Reise und Unterkunft wesentlich bequemer vorgestellt hatte.

Die Jungfernreise über den Atlantik dauerte somit insgesamt 14 Tage und acht Stunden. Von den restlos begeisterten Einwohnern Bostons bekam Samuel Cunard einen Silberpokal überreicht, für den die Bürger Schmuck und Geschirr gesammelt und hatten einschmelzen lassen.

Im ersten Jahr schafften die *Britannia* und ihre drei Schwesterschiffe insgesamt 40 Atlantiküberquerungen, immer mit pünktlicher Abfahrt, ein für die damalige Zeit ungewöhnlicher und herausragender Standard. Wie beschwerlich die Reisen waren, verdeutlichen die Aufzeichnungen einer der großen Persönlichkeiten des Viktorianischen Zeitalters, des Schriftstellers Charles Dickens. Im Januar 1842 fuhr Dickens mit seiner Frau Kate und deren Zofe Anne auf der *Britannia* nach Amerika und erwischte eine stürmische Überfahrt. Als er in Liverpool an Bord ging, fand er die Decks vor lauter Lebensmitteln und Gepäck unbegehbar. Mittschiffs muhte eine Kuh und gackerten Hühner, denn in einer Zeit ohne Kühlschränke wurden zur Ergänzung der Verpflegung lebende Tiere an Bord genommen. Dickens war schockiert, als er seine Kabine bezog: »Eine äußerst unpraktische, völlig nutzlose und zutiefst lächerliche Kiste. Die Koje ähnelt einem Fenstersims. Nie wurde etwas Kleineres zum Schlafen gebaut, außer Särgen.« Seine Laune besserte sich nicht, da er seekrank wurde, sobald die Leinen losgemacht waren.

Die erste Nacht verbrachte er frierend an Deck, und auch der reichlich genossene Brandy half ihm nicht aus seiner Misere. Für den seekranken Dickens boten auch die Mahlzeiten keine Erleichterung: »Der Speisesalon erinnert an einen Leichenwagen mit Fenstern, aufgetischt wird Schweinekopf, gesalzenes Rindfleisch, qualmende Fettscheiben und eine rauchende Klopsmasse. Die Äpfel, Orangen und Weintrauben zum Dessert schmecken modrig.« Zwei Wochen dauerte die Fahrt, die Dickens als »Albtraum« erlebte – und er war Passagier der ersten Klasse.

Die Reederei hatte aber einen guten Leumund, es sprach sich herum, dass Cunard-Schiffe zuverlässig, schnell und vor allem sicher waren. Wie groß das Ansehen war, das Cunard genoss, wurde im Winter desselben Jahres deutlich: Als der Hafen in Boston zufror, griffen große Teile der Bevölkerung zu Spitzhacke, Eisbohrer und Schaufeln und machte unentgeltlich eine sieben Meilen lange Fahrrinne im Eis frei, damit die Schiffe passieren konnten.

1848 wurde das Hauptquartier nach London verlegt, nachdem ein neuer Vertrag mit der Admiralität die doppelte Postmenge und eine entsprechende Entlohnung sicherte. Das erste Jahrzehnt des Bestehens schloss die Reederei mit großem Erfolg ab: 470 Atlantiküberquerungen mit mehr als 60 000 Passagieren wurden durchgeführt. Spötter nannten den Atlantik »Cunards Teich«.

Am 9. März 1859 wurde Samuel Cunard von Queen Victoria wegen seiner Verdienste im Krimkrieg zum Ritter geschlagen: Er hatte der britischen Regierung Schiffe für den Truppentransport überlassen. Die Zeremonie fand im Kreis seiner Kinder und 36 Enkel in seinem neuen Landhaus bei London statt. Als Wappen wählte er drei Anker, über denen ein Falke auf einem Felsen hockte. Das Motto war »By Perseverance«, auf Deutsch »Durch Beharrlichkeit«. 1863 gab Sir Samuel nach einer Herzattacke die Geschäftsführung der Reederei an zwei seiner Söhne weiter, im März 1865 erkrankte er und starb am 28. April mit 78 Jahren. Er wurde in London begraben, und das Grab von Sir Samuel befindet sich auf dem Friedhof Brompton Road.

Die Rekordregentin: Queen Victoria

Niemand saß länger auf Englands Thron als Queen Victoria, nach der eine ganze Epoche benannt wurde: das Viktorianische Zeitalter. Insgesamt regierte die Monarchin, die am 24. Mai 1819 als einziges Kind von Herzog Eduard von Kent, dem vierten Sohn des britischen Königs Georg III., und Victoria von Sachsen-Coburg-Saalfeld in London geboren wurde, 63 Jahre und 7 Monate. In dieser Zeit erlebte die Ober- und Mittelschicht Englands eine wirtschaftliche Blütezeit, und das britische Weltreich stand auf dem Höhepunkt seiner Macht.

Victoria stand ursprünglich erst an fünfter Stelle der britischen Thronfolge, doch 1820 verstarb erst ihr Großvater, König Georg III., und drei Tage später ihr Vater. Ihre Kindheit verbrachte Victoria zurückgezogen, denn nach dem Tod des Vaters wurden Victoria und ihre Mutter aus dem engeren königlichen Familienkreis ausgeschlossen. Darum erhielt die Königliche Hoheit Prinzessin Victoria von Kent, wie ihr offizieller Titel lautete, nicht die Ausbildung, die einer zukünftigen Königin angemessen gewesen wäre, sie sprach in ihrer Kindheit auch nur deutsch. Der älteste Sohn von Georg III., der als Prinzregent bereits seit 1811 die Regierungsgeschäfte übernommen hatte, da sein Vater an einer Stoffwechselerkrankung litt und als schwachsinnig galt, wurde 1820 zum Herrscher gekrönt. Als Georg IV. zehn Jahre später starb, wurde sein Bruder, Wilhelm IV., nächster Regent des Vereinigten Königreichs von Großbritannien und Irland sowie König von Hannover. Mit dem Tod von Wilhelm IV. 1837 war Victoria an die erste Stelle der Thronfolge gerückt. Am 20. Juni 1837 wurde sie im Alter von 18 Jahren Königin, am 28. Juni 1838 wurde die offizielle Krönung vollzogen.

Queen Victoria zog in den Buckingham Palace, der damals zum ersten Mal offizielle Residenz wurde. Im Februar 1840 heiratete Victoria den deutschen Prinzen Albert von Sachsen-Coburg-Gotha, dem sie neun Kinder gebar. Zu Beginn der Ehe duldete Queen Victoria nicht, dass ihr Gemahl sich in politische Belange einmischte, sie trennte ihre Aufgaben als Monarchin streng von ihrem Privatleben. Als aber Premierminister Melbourne, der die Königin seit ihrem Amtsantritt beraten hatte, im Jahre 1841 abtrat, wurde Albert zu ihrem wichtigsten Berater. Als seine größte Leistung gilt die Idee und die Förderung der Weltausstellung in England 1851, bei der sich das Vereinigte Königreich als führende Wirtschaftsnation präsentierte. Gemeinsam förderte das Königspaar die Wissenschaft und die schönen Künste, es ließ sich sogar die Technik für Radierungen beibringen. Auf der *Queen Victoria* hängen im Queens Room drei Kaltnadelradierungen, die von den beiden eigenhändig angefertigt wurden und die Lieblingshunde des Paares zeigen.

Prinz Albert starb am 14. Dezember 1861 im Alter von nur 42 Jahren, als Todesursache wurde Typhus angegeben. Nach dem Tod ihres geliebten Mannes und wichtigsten Beraters begann für die Königin eine nicht endende Trauerzeit. Sie trug bis zu ihrem Lebensende nur noch Witwentracht und weigerte sich vehement, die öffentlichen Pflichten als Repräsentantin zu erfüllen. Sie regierte zwar weiter, trat aber nur noch öffentlich auf, wenn jene Denkmäler eingeweiht wurden, die sie zu Ehren ihres verstorbenen Gatten errichten ließ. Zum Teil nahm die Trauer der Königin bizarre Formen an: So blieb das Schlafzimmer Alberts unverändert, jeden Abend wurde warmes Wasser hineingestellt und das Bettzeug regelmäßig gewechselt. Zudem wurde eine Biografie mit einem Umfang von 4000 Seiten in Auftrag gegeben, um jedes Detail seines Lebens festzuhalten.

Im Jahre 1876 wurde Queen Victoria auch zur Kaiserin von Indien ernannt, die britische Hegemonie war auf ihrem Höhepunkt angelangt. Das goldene Thronjubiläum feierte die Landesmutter 1887, zur Feier des 50. Jahrestages ihres Herrschaftsbeginns kam der gesamte europäische Hochadel zusammen. Am 22. Januar 1901 starb Queen Victoria im Alter von 81 Jahren in den Armen ihres Enkels Wilhelm II., dem letzten deutschen Kaiser. Die Königin wurde im Mausoleum von Frogmore bei Windsor neben ihrem 40 Jahre zuvor verstorbenen Mann beerdigt. Den Rekord als älteste britische Monarchin musste Queen Victoria im Dezember 2007 an die amtierende Königin Elizabeth II. abgeben. Um auch den Rekord der Amtszeit Victorias von 63 Jahren und 7 Monaten zu brechen, müsste Queen Elizabeth II. noch bis zum 9. September 2015 im Alter von dann 89 Jahren auf dem britischen Thron regieren.

E.H.M.
CUNARD
U.S.A. & CANADA
ALF COOKE, LTD., LEEDS AND LONDON.

DAS KONZEPT DER QUEENS

DIE ERSTE KÖNIGIN: QUEEN MARY

Das Konzept, mit nur zwei anstatt drei Schiffen den wöchentlichen Atlantikservice bieten zu können, verfolgte Cunard Line bereits Mitte der 1920er-Jahre. Die beiden neuen Superliner sollten den Liniendienst der in die Jahre gekommenen *Mauretania*, *Aquitania* und *Berengaria* übernehmen, darum mussten sie größer und schneller sein als die Vorgängerinnen. Sie sollten den Atlantik in fünf Tagen überqueren und dann zwei Tage Treibstoff, Lebensmittel und Wäsche aufnehmen, bevor es pünktlich auf die Rückreise ging.

Die Planungen für die beiden Neubauten liefen – so wurden allein rund 8000 Tests mit bis zu fünf Meter langen, maßstabsgerechten Modellen durchgeführt –, als am 24. Oktober 1929 mit dem Crash an der New Yorker Börse die Weltwirtschaftskrise ausgelöst wurde, die gravierende Auswirkungen auf alle Reedereien hatte. Die Passagiere blieben aus, weil nicht nur Reiche, sondern auch die breite Mittelschicht ihr Geld an der Börse angelegt und alles verloren hatte. Gerade die White Star Line, die seit dem Verlust von *Titanic* und *Britannic* mehr schlecht als recht über die Runden gekommen war, traf der Passagierrückgang besonders hart. Cunard Line konnte zunächst noch wirtschaftlich arbeiten und startete den Ausschreibungswettbewerb für die Superliner. Ursprünglich nur als Designentwickler eingesetzt, stieg John Brown doch noch in den Wettbewerb ein und gewann diesen im Dezember 1930, noch im selben Monat fand die Kiellegung für Baunummer 534 statt. Die geplanten Kosten beliefen sich auf fünf Millionen Pfund, was heute etwa 300 Millionen Euro entsprechen würde – ein Arbeiter verdiente damals umgerechnet etwa fünf Euro in der Woche. Der Bau der neuen Gigantin ging zügig voran, bald thronte der zwölf Decks hohe Neubau über dem Clyde. Doch am 11. Dezember 1931 musste Cunard Line die Arbeiten wegen der Auswirkungen der Weltwirtschaftskrise einstellen lassen. Ausstehende Rechnungen konnten bezahlt werden, aber 14 000 Werftarbeiter und Angestellte aus Zulieferbetrieben wurden entlassen. Die nächsten 27 Monate rostete das halbfertige Schiff in der Werft vor sich hin, bis eine Lösung gefunden wurde.

Es gelang dem Cunard-Vorstand, die britische Regierung zu überzeugen, dass die Wiederaufnahme der Arbeiten nicht nur Tausende von Menschen in Lohn und Brot bringen, sondern auch ein Signal für die gesamte Wirtschaft setzen würde. Der Staat bot schließlich einen Kredit über 9,5 Millionen Pfund an, drei Millionen für die Fertigstellung von Baunummer 534, fünf Millionen für das geplante Schwesterschiff und 1,5 Millionen als Liquiditätsreserve. Die Regierung hatte die Übernahme der schwächelnden White Star Line zur Bedingung gemacht. Der North Atlantic Shipping Act wurde im Januar 1934 vom Parlament beschlossen, und am 11. Mai fand die offizielle Gründung der Cunard White Star Line statt. 3800 Arbeiter auf der Werft und 10 000 weitere in den Zulieferbetrieben hatten

Der Stapellauf der *Queen Mary* verzögerte sich wegen der Weltwirtschaftskrise um zweieinhalb Jahre. Rund 200 000 Zuschauer wollten das Ereignis sehen, das zur ersten landesweiten Radioübertragung in Großbritannien führte (oben).

Da das Schiff so lange auf der Werft brachgelegen hatte, mussten von der Hülle 130 Tonnen Rost abgeklopft werden (unten).

wieder Beschäftigung. Zunächst mussten von der Hülle rund 130 Tonnen Rost abgeklopft werden.

Zur Taufe am 26. September 1934 kamen rund 200 000 Schaulustige, um König Georg V. und seine Frau zu sehen. Queen Mary taufte das Schiff auf ihren Namen. Es war das erste Mal, dass das britische Königshaus eine solche Taufe vornahm, und es war auch das erste Mal, dass ein Ereignis landesweit live im Radio übertragen wurde. Die *Queen Mary* war verschwenderisch ausgestattet – eine Art déco-Ikone. Es wurden rund 60 verschiedene Holzarten verwendet, das gesamte Interieur war reich mit Intarsienarbeiten versehen, man sprach deshalb auch vom »Schiff der Edelhölzer«. Mehr als 550 Originalkunstwerke schmückten die Wände, zehn Kilometer Teppiche und Läufer wurden ausgelegt. Die Wände des Schwimmbads der ersten Klasse waren mit handgemachten Fayencekacheln versehen, wuchtige Säulen trugen eine Decke aus Perlmutt. 16 000 Tonnen feinster Merinowolle wurden zu Decken gewoben, je 30 000 Bettdecken und Kopfkissen aus feinstem Leinen produziert, dazu 20 000 Stück eigens angefertigtes Porzellangeschirr. 596 Schiffsuhren wurden täglich mit der Hand umgestellt, es gab sogar einen Kamin mit echtem Feuer im Raucherraum der ersten Klasse.

Das Schiff war in drei Klassen eingeteilt, alle voneinander getrennt durch eigene Gangways, Eingänge, Treppen und Türen. Jeder Klasse war eigenes Personal zugeteilt worden, aber alle hatten dieselbe Küche und damit die gleiche Essensqualität, in den oberen Klassen gab es nur mehr Auswahl. Die Kabinen waren so gut ausgestattet, dass selbst die dritte Klasse mit der ersten Klasse auf anderen Schiffen mithalten konnte. Auch die technische Leistung war herausragend: Während der Testfahrten wurde eine Höchstgeschwindigkeit von 34 Knoten erreicht.

Am 27. Mai 1936 verließ die *Queen Mary* Southampton zur Jungfernfahrt. Auf die Tickets war ein wahrer Run ausgebrochen: Es gab 3000 Plätze, 20000 hätten verkauft werden können. Das Schiff wurde von 100000 Zuschauern verabschiedet, an Bord waren mehr als 100 Reporter. Die BBC hatte ein Studio eingerichtet und berichtete während der gesamten Fahrt, einige Bordkonzerte wurden live in die britischen Wohnzimmer übertragen. An Bord waren auch 3000 Säcke Post mit zum Teil leeren Briefumschlägen, die an Bord abgestempelt und an Sammler verkauft wurden. Und man entdeckte zwei blinde Passagiere. Einer wurde kurz vor dem Zwischenstopp in Cherbourg aufgestöbert, den anderen, Frank Gardner, bemerkte man erst auf der Hälfte des Weges, mitten auf dem Atlantik – er musste sich die Passage als Küchenhilfe verdienen.

Im ersten Dienstjahr herrschte ein solcher Ansturm auf das Schiff, dass es für jede Fahrt ellenlange Wartelisten gab. Auch das »Blaue Band« für die schnellste Atlantiküberquerung holte sich der Superliner: Am 8. August 1938 überquerte die *Queen Mary* den Atlantik in 3 Tagen, 21 Stunden und 48 Minuten, dieser Rekord hielt 14 Jahre, bis die *United States* 1952 noch schneller war. Einen Rekord hält die *Queen Mary* bis heute: Im Zweiten Weltkrieg umgebaut und als Truppentransporter eingesetzt, waren bei der Fahrt am 25. Juli 1943 von New York nach England 16683 Menschen an Bord. Während des Krieges legte das Schiff 600000 Seemeilen zurück und beförderte dabei rund 800000 Soldaten.

31 Jahre lang fuhr die *Queen Mary* für Cunard Line, dann entschloss sich die Reederei im Mai 1967 wegen sinkender Passagierzahlen durch den rasanten Anstieg von Flugreisen über den Atlantik, das Schiff zu verkaufen. Die kalifornische Stadt Long Beach kaufte den Liner für 3,45 Millionen Dollar und baute die *Queen Mary* zum Hotelschiff um. Die Arbeiten dauerten vier Jahre. Bis heute wurden mehr als 100 Millionen Dollar für den Erhalt des Luxusliners ausgegeben, auf dem man immer noch übernachten kann.

Der Taufansprache von Queen Mary lauschten Millionen Menschen bei der Radioübertragung der BBC. Mit der Gattin des Monarchen Georg V. nahm zum ersten Mal ein Mitglied des britischen Königshauses eine solche Taufe vor (oben).

Der Liner war im Art déco-Stil ausgestattet, rund 60 verschiedene Holzarten wurden für Intarsien verwendet. Man sprach deshalb auch vom »Schiff der Edelhölzer« (Mitte).

Das Schwimmbad der ersten Klasse war mit handgemachten Kacheln geschmückt und hatte eine Decke aus Perlmutt (unten).

Das Verlassen der Werft war Präzisionsarbeit. Wegen des Tiefgangs und der Länge der *Queen Mary* sicherten insgesamt zehn Schlepper die Fahrt auf dem Tyne bis zum offenen Meer.

DIE SCHÖNE SCHWESTER: QUEEN ELIZABETH

Angesichts des Erfolgs der *Queen Mary* und weiter steigender Passagierzahlen auf der Atlantikstrecke beschloss Cunard Line, das geplante zweite Schiff zu bauen. Der neue Liner sollte *Queen Elizabeth* heißen, und der Auftrag ging wieder an John Brown. Die Baunummer 552 sollte mit 301 Meter etwas länger werden als die *Queen Mary* (297 m), während Breite (36,14 m) und Tiefgang (13 m) gleich blieben. Die Unterschiede zwischen beiden Schiffen waren von außen deutlich zu erkennen: Der Bug der *Queen Elizabeth* war schärfer geschnitten, sie hatte viel weniger Belüftungsschächte auf den Decks und nur zwei statt drei Schornsteine wie die *Queen Mary*. Mit 83 673 Tonnen war sie das größte Passagierschiff der Welt mit bis zu 2283 Passagieren und einer Crew von 1100 Mann.

Die Kiellegung erfolgte am 6. Oktober 1932, an der Taufe am 27. September 1938 nahm König Georg VI. teil, dessen Frau, Königin Elizabeth, Taufpatin war. Die endgültige Fertigstellung des Liners mit allen Innenausbauten kam aber nicht so schnell voran wie geplant. Die Werftarbeiter wurden für andere Aufgaben gebraucht, denn es drohte Krieg, und die Kriegsschiffe der britischen Marine sollten schnellstmöglich überholt werden. Die Arbeiten an der *Queen Elizabeth* wurden ganz eingestellt, nachdem Hitler am 1. September 1939 seine Truppen in Polen einmarschieren ließ – der Zweite Weltkrieg hatte begonnen.

Über die Verwendung der halbfertigen *Queen Elizabeth* entbrannte im englischen Parlament ein hitziger Streit, bis Churchill, der damals Marineminister war, entschied, das Schiff fertigzustellen und als Truppentransporter einzusetzen. Auf die üblichen Testfahrten musste verzichtet werden, die Jungfernfahrt sollte zum Testlauf werden. Da man die Fertigstellung nicht vor den Deutschen und ihren Spionen verheimlichen konnte, streute man Gerüchte, dass die *Queen Elizabeth* zum weiteren Innenausbau nach Southampton fahren sollte, dort wurden auch Behälter für Betten und anderes Mobiliar angeliefert und die Werft entsprechend vorbereitet. Hunderte von Arbeitern wurden zusammengezogen und Unterkünfte sowie Verpflegung bereitgestellt. Der Plan

Die mit grauer Tarnfarbe gestrichene *Queen Mary* wurde in Sydney für den Kriegseinsatz umgebaut.

ging auf: Die deutsche Luftwaffe tauchte am gestreuten Ankunftstermin und in den nächsten drei Tagen mit Bombern über Southampton auf, bis man realisierte, dass man den Briten auf den Leim gegangen war. Denn die *Queen Elizabeth* war am 2. März 1940 bei schlechtem Wetter mit einem Begleitschutz von vier Zerstörern und Dutzenden Flugzeugen im Firth of Clyde aufgebrochen. 200 Meilen weiter westlich verabschiedete sich der Geleitschutz – die *Queen Elizabeth* war nun allein auf dem Weg nach New York. Absolute Funkstille und der obligatorische Zickzackkurs wurden streng eingehalten, und so war es eine große Überraschung, als am 7. Mai eine DC 3 der Trans World Airlines 40 Meilen vor der US-Küste ein riesiges graues Schiff entdeckte. Die Nachricht verbreitete sich wie ein Lauffeuer, und Tausende Zuschauer hatten sich am Hafen versammelt, als die »Queen Incognito«, wie die »New York Times« das Schiff taufte, am Pier 90 anlegte.

Die Jungfernfahrt der *Queen Elizabeth* als Passagierschiff von Southampton nach New York fand erst nach dem Kriegsdienst und einem umfangreichen Umbau im Oktober 1946 statt.

Die *Queen Elizabeth* wurde in San Francisco umgebaut und konnte nun bis zu 12 000 Menschen aufnehmen – mehr als eine ganze Division. In den Liner wurden Metallrahmen mit hochklappbaren Betten aus Leinentuch eingeschweißt; in Kabinen, die für Paare ausgelegt waren, kamen 21 Mann unter. Eine gewaltige Logistik war erforderlich, neben Betten wurden zusätzliche Waschgelegenheiten und Toiletten eingebaut. Das Schiff wurde in drei Abschnitte unterteilt: rot, weiß und blau. Jeder Soldat bekam einen Anstecker in einer der Farben, den er jederzeit zu tragen hatte und der vorgab, in welchem Bereich er sich aufhalten durfte. Gegessen wurde zweimal am Tag in mehreren 45-Minuten-Schichten. Frühstück begann um 6 Uhr und dauerte bis 11 Uhr, Abendbrot gab es zwischen 15 Uhr und 19.30 Uhr. Beim Verlassen der Messe kamen die Soldaten an Tischen vorbei, auf denen Käse-, Wurst- und Schinken-Sandwiches gestapelt waren. Hier konnte sich jeder bedienen, um bis zur nächsten Mahlzeit etwas zu essen zu haben. Die *Queen Elizabeth* legte im Weltkriegseinsatz 500 000 Seemeilen zurück und beförderte mehr als 700 000 Mann.

Nach Kriegsende brachten die Queens zunächst die Truppen, die in Europa gekämpft hatten, wieder nach Hause zurück. Dann kam neben Soldaten eine neue Klientel an Bord: die Frauen, die amerikanische und kanadische Soldaten in England während des Krieges kennengelernt hatten, und deren Kinder. Auf den »Bräute- und Babyfahrten« wurden rund 50 000 Soldatenfrauen und ihre Kinder in ihr neues Zuhause in den USA und Kanada gebracht. Erst im September 1946 war der Kriegseinsatz beendet, und die *Queen Elizabeth* wurde im Firth of Clyde umgebaut. Rund 10 000 Möbel wurden aus Lagerhallen in Großbritannien und den USA herangeschafft und wieder verbaut. Ihre Jungfernreise als Passagierschiff machte die *Queen Elizabeth* ab dem 16. Oktober

Nach Ende des Zweiten Weltkriegs brachte die *Queen Elizabeth* nicht nur Soldaten aus Europa nach Amerika zurück, sondern auf sogenannten »Baby- und Bräutefahrten« auch etwa 50 000 Frauen mit ihren Kindern, die amerikanische und kanadische Soldaten während des Kriegseinsatzes kennengelernt hatten.

1946, an Bord waren auch Gäste, die ihre Tickets acht Jahre zuvor gekauft hatten – für die Jungfernreise, die wegen des Krieges nicht hatte stattfinden können.

Zunächst waren Flugzeuge auf der Atlantikstrecke keine Konkurrenz, dies änderte sich schlagartig mit der Einführung von Langstreckenflugzeugen. 1965 flogen rund vier Millionen Menschen über den Atlantik, nur 650 000 fuhren mit dem Schiff. Cunard Line hatte ein Jahr zuvor einen Vertrag über den Bau eines neu-

Die Queens konnten nach dem Umbau mit 12 000 Soldaten mehr als eine Division aufnehmen. Der Raum an und unter Deck war vollständig ausgenutzt.

en Schiffes unterzeichnet. Wie die *Queen Mary* wurde darum auch die *Queen Elizabeth* verkauft und beendete ihre 30-jährige Karriere nach mehr als 3,5 Millionen Seemeilen mit 2,3 Millionen Passagieren an Bord und 879 Atlantiküberquerungen in Friedenszeiten im November 1968. Ursprünglich wollten Spekulanten in Florida aus dem Liner ein Hotelschiff machen, doch das Projekt scheiterte. So wurde die *Queen Elizabeth* 1970 an C.Y. Tung verkauft, einen Geschäftsmann aus Hongkong. Tung schwebten eine Hochschule für Meereskunde und eine Ausbildungsstätte für Marinekadetten vor. Unter dem Namen »Seawise University«, einem Akronym für die englisch ausgesprochenen Initialen des Käufers (C. Y.'s University), sollte die *Queen Elizabeth* in Hongkong ihren letzten Ankerplatz finden. Das Schiff wurde wieder seetüchtig gemacht und über Aruba, Rio de Janeiro und Kapstadt nach Hongkong überführt. Dort sollte die *Queen Elizabeth* umgebaut werden, doch am 9. Januar 1972 brachen bei den Arbeiten mehrere Feu-

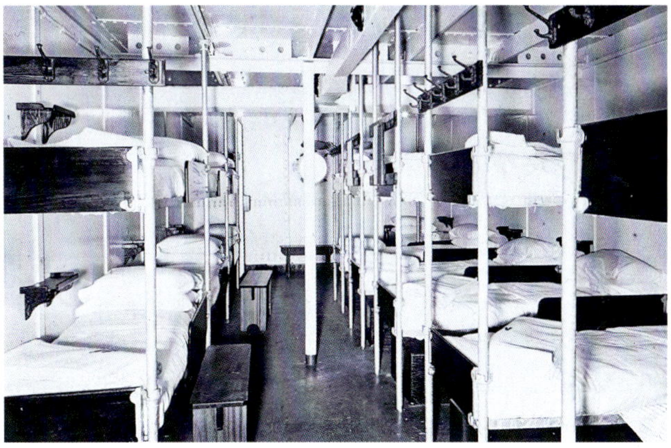

Wegen ihres langen und schärferen Bugs sah die *Queen Elizabeth* viel schnittiger aus als ihre ältere und etwas kürzere Schwester (oben).

Für den Kriegsdienst wurden in die Kabinen Metallrahmen mit hochklappbaren Betten eingeschweißt. Bis zu 21 Mann kamen so in einer Doppelkabine unter (unten).

Wegen ihrer eleganten Linie ist die *Queen Elizabeth 2* für Millionen Fans in aller Welt immer noch der Ozeanliner schlechthin (unten).

Zwei Jahre lag das ausgebrannte Wrack im Hafen von Hongkong auf Grund.

er aus. Wie sich bei den Ermittlungen herausstellte, an fünf verschiedenen Stellen nahezu zeitgleich, was den Verdacht auf Brandstiftung nahelegte. Innerhalb einer Stunde brannte das gesamte Schiff lichterloh, die ganze Nacht und den nächsten Tag hindurch konnte das Feuer nicht gelöscht werden. Die Stahlträger und -gerüste schmolzen, das Schiff brach in sich zusammen und sank auf den Hafengrund. Dort lag es ausgebrannt mit einer Neigung von 45 Grad, die Ermittlungen wegen mutmaßlicher Brandstiftung wurden schließlich eingestellt. Eine japanische Abwrackfirma benötigte mehr als zwei Jahre, um das Wrack zu beseitigen.

DER LETZTE LINER: QUEEN ELIZABETH 2

In ihren 41 Dienstjahren war sie so populär wie kein anderes Passagierschiff ihrer Zeit, ein echter Mythos voller Charme und Attraktivität: Die *Queen Elizabeth 2*, von ihren Fans kurz *QE 2* genannt, war der letzte echte Ocean Liner, eine Reminiszenz an die gute alte Zeit, an stilvolles Reisen auf höchstem Niveau. Die *QE 2* mit ihrer zeitlosen Eleganz sieht – neben den zahlreichen Schiffsneubauten im Einheitsstil mit extrem kurzen Vorschiffen und Abrissheck – extrem elegant und schnittig aus.

Bereits 1961 hatte Cunard Line mit Planungen für eine Nachfolgerin der beiden ersten Queens begonnen. Unter Passagieren und Crew der *Queen Elizabeth* wurden Umfragen gemacht, was auf einem neuen Schiff gewünscht würde. Zwei Jahre reiste ein Cunard-Team zu Luxushotels auf der ganzen Welt und fuhr mit Luxuslinern anderer Reedereien, um herauszufinden, was Gäste dort besonders gut fanden. Anstelle eines reinen Atlantikliners wurde mit dem Projekt Q4 ein klassisches Schiff ausgewählt, das sowohl im regelmäßigen Atlantikdienst als auch als Kreuzfahrtschiff einsetzbar war. Das Schiff fiel deutlich kleiner aus als seine Vorgängerinnen, passte dadurch aber durch den Panamakanal – ein wichtiger Vorteil auf dem Kreuzfahrtmarkt. Der Vertrag mit John

Die britische Regentin Elizabeth II., hier noch als Prinzessin mit ihrer Mutter bei einem Besuch der *Queen Elizabeth*, war Taufpatin der *QE 2* (vorhergehende Seite).

Erfolgreiche Jungfernfahrt: Ein Bootskonvoi begrüßt die *Queen Elizabeth 2* bei der Ankunft in New York.

Der Luxusliner wurde mehrfach bei deutschen Werften umgebaut und überholt wie hier auf der Lloyd-Werft in Bremerhaven (rechte Seite).

Brown wurde am 30. Dezember 1964 geschlossen, am 5. Juli 1965 wurde auf dem Clyde der Kiel für die Baunummer 736 gelegt. Für die Traditionswerft war es der letzte große Auftrag.

Der Name des neuen Schiffs blieb bis zuletzt ein Geheimnis, nur vier Menschen wussten, wie der Liner heißen sollte: Königin Elizabeth II., ihr Privatsekretär Sir Michael Adese sowie der Vorstandsvorsitzende der Cunard Line, Sir Basil Smallpiece, und sein Stellvertreter Ronald Senior. Die Königin war das erste britische Staatsoberhaupt, das ein Cunard-Schiff taufte, denn Queen Mary, die das gleichnamige Schiff 1938 getauft hatte, war als Frau von König Georg VI. nicht regierende Monarchin. Cunard Line hatte zunächst erneut *Queen Elizabeth* vorgesehen, weil das alte Schiff dieses Namens außer Dienst gestellt werden sollte. Doch Königin Elizabeth II. gab ihm als Taufpatin am 20. September 1967 in Begleitung von Ehemann Prinz Philip und Schwester Prinzessin Margaret höchstpersönlich einen anderen Namen: Bei der Zeremonie änderte die Monarchin – auch zur Überraschung des Cunard-Managements – spontan den ursprünglich vorgesehenen Namen in ihren eigenen *Queen Elizabeth, the Second.*

Beim Stapellauf am 20. September 1967 brauchte die *QE 2* nach dem Zerschellen der Taufflasche am Bug ganze 70 Sekunden, bevor sie sich überhaupt in Bewegung setzte und von den eingeseiften Helgen ins Wasser glitt, der »Daily Telegraph« taufte das Schiff daraufhin *Lazy Lizzie* (Faules Lieschen). Die Schwierigkeiten erreichten ihren vorläufigen Höhepunkt bei den Probefahrten im November 1968: Ein Schaufelbruch in der Turbinenanlage verzögerte die geplante Jungfernfahrt um Monate. Der Grund waren Materialfehler in den Aluminiumblättern, die brachen und die Turbinen blockierten. Erst im April 1969 war die Maschine wieder vollständig renoviert, und das Schiff konnte am 2. Mai zu seiner ersten Reise nach New York aufbrechen, wo es am 7. Mai begeistert empfangen wurde.

2

Wie der Fisch aufs Schiff kommt

Die Versorgung von Gästen und Mannschaft an Bord eines Kreuzfahrtschiffes erfordert präzise Planung und eine bis ins Detail lückenlose Vorbereitung. Falls in einem großen Hotel an Land der Salat ausgeht, greift der Lagermeister zum Telefon und bestellt die nötige Menge bei seinem Gemüsehändler, der innerhalb von Stunden liefert. Auf See, gerade bei einer sechstägigen Atlantikreise, kann man nicht einfach in den nächsten Supermarkt gehen – was so banal klingt, ist eine extreme logistische Herausforderung.

Die vielfältigen kulinarischen Alternativen setzen ein perfektes Beschaffungs- und Lagerungssystem für die Lebensmittel voraus. Allein die Bestellung, Lieferung, Verladung und Ausgabe plant und organisiert ein 13-köpfiges Team. In den Katakomben des Schiffes lagern in 32 Kühl- und Lagerräumen auf mehr als 1000 Quadratmetern Fläche rund 8000 verschiedene Artikel. Täglich wird der Bestand akribisch kontrolliert. Jeder Artikel, der aus Lager oder Kühlraum entnommen wird, wird im bordeigenen Computersystem ausgebucht und erscheint auf dem Bildschirm des Lagermeisters als ausgegeben.

Acht bis zwölf Wochen bevor die eigentlich Kreuzfahrt beginnt, setzen sich Food & Beverage Manager, Provi-

antmeister und Küchenchef zusammen und überlegen, wie lange diese Reise dauern wird, welche Häfen angelaufen werden und mit wie vielen Passagieren aus welchen Nationen zu rechnen ist. Denn der Küchenchef stellt seine Menüs nach den Vorlieben der einzelnen Nationen zusammen. Aufgrund dieser Informationen wird dann die Bestellung ausgearbeitet und alles organisiert, was vom Schiff per Satellit geordert wird. Die Lieferungen werden im Heimathafen Southampton an Bord genommen, rund 160 Tonnen Lebensmittel. Zu Beginn einer 14-tägigen Reise sind Lebensmittel im Wert von zwei Millionen Euro an Bord. Wichtig ist vor allem, dass man genug Reserven an Bord hat, um für Notfälle und Überraschungen gewappnet zu sein.

Neben Grundnahrungsmitteln spielt bei der Zusammenstellung der Vorräte auch die jeweilige Reiseroute eine Rolle, denn den Passagieren sollen auch landestypische Gerichte geboten werden. Da die Fahrtrouten bereits ein Jahr vorher feststehen, können unverderbliche Waren und Tiefgekühltes per Container in die jeweiligen Häfen geliefert werden.

Aber die Verantwortlichen müssen auch schnell und flexibel reagieren: Wird die Fahrtroute wegen schweren Wetters oder politischer Ereignisse geändert, während die Queens auf See sind, müssen auch bereits verschickte Container umgeleitet werden. Außerdem sind weltweit unterschiedliche Einfuhrbestimmungen zu beachten, in einige Länder dürfen überhaupt keine Lebensmittel eingeführt werden, in andere nur bestimmte Waren. Und auch auf Sonderwünsche nehmen die Planer Rücksicht: So bestellt der Florist an Bord für den Valentinstag rund 10 000 rote Rosen.

Auch in Hamburg immer ein gern gesehener Gast: Auf den Landungsbrücken und am Fischmarkt drängten sich bei jedem Anlauf die Schaulustigen.

Am 1. April 1982 landeten argentinische Soldaten während der »Operation Azul« in der Hauptstadt Port Stanley der seit 1833 unter britischer Verwaltung stehenden Falklandinseln. Ebenfalls seit 1833 wird die etwa 600 Kilometer von Argentinien entfernt liegende Inselgruppe von dem südamerikanischen Staat beansprucht. Argentinien hatte im Frühjahr 1982 massive wirtschaftliche Probleme, und der Vorsitzende der Militärjunta Leopoldo Galtieri wollte durch einen militärischen Erfolg seine Macht stärken.

Am 3. Mai wurde die *Queen Elizabeth 2* von der britischen Regierung als Truppentransporter requiriert. Innerhalb weniger Tage wurden die luxuriöse Innenein-

richtung aus- und Mannschaftsunterkünfte für 3200 Soldaten ebenso eingebaut wie zwei Helikopterplattformen und das Schiff in grauer Tarnfarbe gestrichen. Bereits am 12. Mai ging die 5. Infanteriebrigade an Bord. Unter strengster Geheimhaltung fuhr der Liner dann in nur 15 Tagen nach Südgeorgien, etwa 1200 Kilometer südöstlich der Falklandinseln, wo er Truppen und Material anlanden sollte. In nur 48 Stunden wurden alle Soldaten mit Tenderbooten abgesetzt und 640 Verwundete von den drei versenkten britischen Kriegsschiffen *HMS Antelope*, *HMS Ardent* und *HMS Coventry* aufgenommen. Die von der *Queen Elizabeth 2* angelandeten Truppen entschieden den Falkland-Krieg: Am 14. Juni 1982 eroberten die Briten Port Stanley zurück. 655 Argentinier und 236 Briten verloren in diesem Krieg ihr Leben.

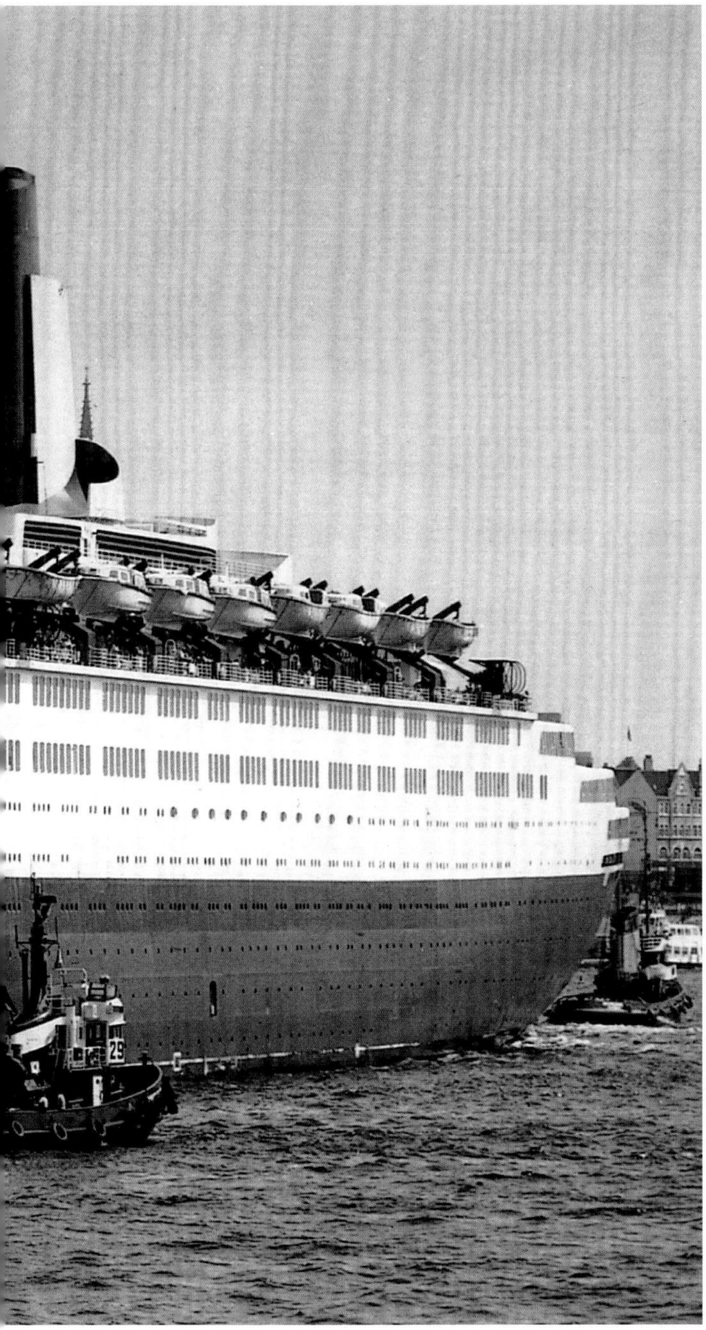

Am 25. Oktober 1986 fand die letzte Atlantiküberquerung eines Cunard-Liners statt, und am 26. Oktober wurde bei der Lloyd-Werft in Bremerhaven in 179 Tagen Werftaufenthalt der Dampfturbinenantrieb der *Queen Elizabeth 2* durch moderne Dieselelektromotoren ersetzt. Mit dem 320 Millionen Mark teuren Umbau war das Zeitalter der Dampfschifffahrt endgültig vorbei. Der neue Antrieb führte zu einer Energieersparnis von rund 40 Prozent, trotzdem wurde eine neue Höchstgeschwindigkeit von 34,5 Knoten gemessen. Die *QE 2* ist in ihrer langen Dienstzeit immer wieder renoviert und modernisiert worden, die Kosten des Schiffsbaus betrugen 1967 mehr als 72 Millionen US-Dollar, seitdem investierte die Reederei insgesamt ungefähr das 15-fache in Reparaturen und Renovierungen.

Schwere Stürme waren und sind auf der Nordatlantikroute, vor allem in der Wintersaison, nichts Ungewöhnliches. Was die *Queen Elizabeth 2* während einer Atlantikfahrt in der Nacht auf den 11. September 1995 erlebte, allerdings schon: Seit einer Woche hatte der Hurrikan »Luis« in der Karibik gewütet, jetzt zog er in Richtung der kanadischen Küste und kreuzte damit den geplanten Kurs des Schiffes. Obwohl rund 240 Kilometer vom Sturmzentrum entfernt, musste die *QE 2* mit Windstärken von 12 Beaufort und bis zu zehn Meter hohen Wellen kämpfen. Gegen 2 Uhr morgens wurden die wachhabenden Offiziere auf der Brücke bleich: Sie sahen eine rund 30 Meter hohe Monsterwelle direkt auf das Schiff zukommen. Die Welle war so hoch und gewaltig, dass die Spitze des Wellengebirges bis an die Unterseite der Brücke reichte. Kapitän Warwick, der auf der Brücke den gigantischen Wasserberg herannahen sah, sprach von der höchsten Welle, die er in 38 Dienstjahren gesehen habe: »Es war, als ob die *QE 2* direkt in die Kreidefelsen von Dover gefahren sei. Ich möchte mir nicht vorstellen, was mit einem kleineren Schiff passiert wäre.« Passagiere und Besatzung wurden kräftig durchgeschüttelt, einige verloren den Halt und stürzten. Bis auf einen Armbruch, mehrere Prellungen, beschädigte Möbel und viel zerbrochenes Geschirr wurde im Schiffsinneren nichts in Mitleidenschaft gezogen. Auch draußen hielt sich der Schaden in Grenzen, lediglich die Reling entlang des Vorschiffs wurde verbogen, und einige Deckplatten am Bug waren leicht eingedrückt.

In einem deutschen Hafen legte die *Queen Elizabeth 2* zum letzten Mal am 30. Mai an, bei einer Stippvisite in Hamburg. Ein weiterer geplanter Anlauf in der Hansestadt am 8. Dezember 2007 kam nicht zustande, denn stürmische Winde und hoher Wellengang machten den erwartungsvollen Schiffsenthusiasten, die aus der ganzen Republik angereist waren, einen Strich durch die Rechnung. Zu diesem Zeitpunkt stand der Abschied aus der Cunard-Flotte bereits fest. Am 18. Juni 2007 hatte Cunard Line den Verkauf der *Queen Elizabeth 2* für 100 Millionen US-Dollar an Dubai World bekannt gegeben. Dubai World baute mit der staatseigenen Entwicklungs- und Baugesellschaft Nakheel die künstliche Insel The Palm Jumeirah direkt vor die Küste Dubais. Die *QE 2* sollte an einem speziell erbauten Anleger der größten von Menschenhand errichteten Insel festmachen und zu einer Touristenattraktion als schwimmendes Luxushotel, Tagungszentrum, Einkaufsparadies und Museum für die Geschichte der Reederei werden. Beim Verkauf der letzten Reise des Schiffes, die ab dem 11. November 2008 von Southampton nach Dubai führte, wurde ein neuer Reedereirekord aufgestellt: Innerhalb von 36 Minuten war die letzte Fahrt der *Queen Elizabeth 2* ausgebucht.

Am 26. November 2008 legte die *Queen Elizabeth 2* nach 16-tägiger Überführungsfahrt vom Heimathafen Southampton aus in Dubai an. Der Liner wurde von einer großen Flotte Motor- und Segelyachten empfangen, die von der *Dubai*, der Staatsyacht von Premierminister Scheich Rashid al Maktoum, angeführt wurde. Marine und Luftwaffe Dubais schickten Kreuzer und Fliegerstaffel, ein Airbus A 380 von Emirates zog Kreise um das Schiff. Fünf Jahre nachdem er das Kommando über die *QE 2* abgegeben hatte, ging der ehemalige Commodore der Cunard-Flotte, Ronald Warwick, wieder an Bord. Nach 36 Jahren im Dienst von Cunard Line wurde er von seinem englischen Ruhesitz als Hafenkapitän nach Dubai geholt. Auch 38 Crewmitglieder blieben noch an Bord, denn die Brücke wird bis zum Umbau noch rund um die Uhr besetzt und Strom sowie Heizung mit der eigenen Maschine produziert. Beim Umbau soll als Erstes der Schornstein abgetrennt und als Eingang vor das Schiff platziert werden. An seiner Stelle wird ein vierstöckiges Penthouse aus Rauchglas mit eigenem Schwimmbad gebaut. Ziel ist es, die spektakulärste Hotelsuite in Dubai zu bieten. Auch auf dem langen Vordeck sollen exklusive Suiten und Zimmer entstehen. Insgesamt sind 200 Hotelzimmer sowie 110 Apartments mit einer Größe zwischen 20 und 80 Quadratmetern vorgesehen.

Fünf Restaurants sollen entstehen, als Küchenmeister wurde Sternekoch Michel Roux verpflichtet. Der Maschinenraum wird völlig entkernt, hier ist ein Theater für 500 Zuschauer geplant. Von der Originaleinrichtung sollen nur die Brücke, die Kapitänskabine sowie der Princess Grill erhalten bleiben und Teil eines historischen Schiffsrundgangs werden. An Land ist ein Museum mit Exponaten aus der langjährigen Geschichte der Cunard Line geplant.

In 41 Jahren, 2 Monaten und 7 Tagen absolvierte der letzte Liner insgesamt 806 Atlantiküberquerungen von Southampton nach NY und umgekehrt sowie 26 Weltreisen.

Einer der Höhepunkte auf den Weltreisen war die Durchquerung des Panamakanals.

CHANTIERS DE L'A

DAS SCHIFF DER SUPERLATIVE: QUEEN MARY 2

Bereits jetzt gilt sie als Meilenstein in der Kreuzfahrtgeschichte, dabei ist die *Queen Mary 2* erst seit Januar 2004 im aktiven Dienst. Zum Zeitpunkt ihrer Taufe am 8. Januar 2004 durch die britische Königin Elizabeth II. war die *Queen Mary 2* das größte, längste, höchste und prachtvollste Passagierschiff der Welt. Mit einer Höhe von 72 Metern überragt sie die Freiheitsstatue oder das Kolosseum in Rom. Sie ist mit 345 Metern länger als drei Fußballfelder, und auf den Bug gestellt würde die *Queen Mary 2* das Empire State Building übertrumpfen. Das Schiff mit seiner BRZ von rund 150 000 ist so groß, dass das erste Cunard-Schiff *Britannia* fünfmal hineingepasst hätte und die *QE 2,* gewiss kein kleines Schiff, zweimal. Das Design war im Frühsommer 1998 an den Schiffsdesigner von Carnival, den damals 38-jährigen Stephen Payne, vergeben worden. Ein Jahr später, am 8. Juni 1999, wurde der Bau vom Management offiziell angekündigt. Payne orientierte sich an den legendären Ocean Linern der Cunard Line und sah sich vor allem die Pläne der *Queen Mary* und der *Queen Elizabeth 2*, die ihn durch ihre eleganten Linienführung beeindruckte, genau an. Das neue Schiff sollte aber kein reiner Liner für den Atlantikdienst sein, sondern auch alle Annehmlichkeiten eines Kreuzfahrtschiffes bieten. Gleichzeitig sollte der Neubau aber Atlantikstürmen trotzen und schnell genug sein, um den Liniendienst Southampton – New York in sechs Tagen zu bewältigen.

Stephen Payne und sein Team verbrachten mehrere Tage auf der alten *Queen Mary*, studierten die Teile, die noch original erhalten waren. Inspiriert von der Pracht des alten Liners, brachten sie zahlreiche Stilelemente mit ein. So ist die Brückenfront der *Queen Mary 2* mit den stufenförmigen, umlaufenden Decks nach diesem Vorbild gestaltet. In rund anderthalb Jahren entwarfen Payne und seine Kollegen das gigantische neue Schiff.

Cunard Line unterzeichnete am 9. März 2000 eine Absichtserklärung, das neue Schiff bei der Werft Chantiers de l'Atlantique im französischen Saint Nazaire bauen zu wollen, und gab den Namen des Neubaus, *Queen Mary 2*, bekannt. Am 2. November 2000 wurde der Auftrag offiziell bestätigt, die Arbeiten an Baunummer G 32 begannen mit dem Schneiden der Stahlplatten am 16. Januar 2002. Bis zur Auslieferung an die Reederei waren 694 Tage beziehungsweise acht Millionen Arbeitsstunden für 4200 Arbeiter, darunter rund 100 Frauen, geplant. Insgesamt wurden rund 34 000 Tonnen Stahl für 300 000 Teile mit einer Außenfläche von 550 000 Quadratmetern verarbeitet. Der verbaute Stahl hätte für den Bau von fünf Eiffeltürmen ausgereicht.

Das Datum der Kiellegung am 4. Juli 2002 hatte Cunard Line gezielt ausgesucht – genau 162 Jahre nach der Jungfernfahrt der *Britannia*. Während der offiziellen Zeremonie wurde der Name des Kapitäns bekannt ge-

Kurz vor dem Ausdocken im März 2003. Der vordere Mast (ganz in Weiß) wurde kurz zuvor in einer feierlichen Zeremonie aufgesetzt (vorhergehende Seite).

Das Designteam der *Queen Mary 2* orientierte sich an vielen Details der seit 1971 als Hotelschiff in Long Beach liegenden *Queen Mary*. Im Januar 2006 kam es während der ersten Weltreise des neuen Luxusliners zur Begegnung der beiden prägendsten Schiffe ihrer Epoche.

Das riesige Bronzerelief des Engländers John McKenna in der Lobby der *Queen Mary 2* wiegt rund 1700 Kilogramm (rechte Seite).

geben: Ronald Warwick, zuvor bereits Kapitän auf der *Queen Elizabeth 2* und seit 32 Jahren im Dienst der Reederei. Er war auch als Werftkapitän ausgesucht worden und leitete ein Team von 25 Cunard-Ingenieuren und -Designern, die jeden Bauabschnitt überprüften.

Als Cunard Line im Februar 2002 den Fahrplan des neuen Schiffes vorstellte, führte dieses Programm zunächst zu lebhaften Diskussionen unter Schiffsliebhabern. Denn die Jungfernfahrt im Januar 2004 war von Southampton nach Fort Lauderdale angesetzt, danach standen bis April mehrere Karibikkreuzfahrten auf dem Programm, erst dann sollte die Atlantiksaison mit dem regelmäßigen Liniendienst eröffnet werden. Alle bisherigen Queens waren mit einer Atlantiküberquerung vom Heimathafen Southampton nach New York gestartet. Doch der Passagieransturm gab der Reederei recht, bereits am Tag des weltweiten Buchungsstarts am 1. August 2002 waren sowohl die Jungfernreise als auch die folgenden Kreuzfahrten ausverkauft.

Angetrieben wird die *Queen Mary 2* durch vier elektronisch geregelte 16-Zylinder-Common-Rail-Dieselmotoren des finnischen Herstellers Wärtsila. Jeder der parallel eingebauten Motoren ist zwölf Meter lang, je fünf Meter breit und hoch und wiegt mehr als 217 Tonnen. Die produzierte Energie wird durch Generatoren in Strom umgewandelt, der nicht nur für den Antrieb genutzt wird, sondern auch den gesamten Hotelbetrieb, die Brücke und die Crewquartiere versorgt. Jeden Tag wird auf dem Schiff so viel Strom produziert, dass dies für den Energiebedarf einer Stadt von der Größe Lübecks mit mehr als 200 000 Einwohnern ausreichen würde.

AMERICA

Während ihrer Weltreisen im Jahre 2007 trafen sich *Queen Mary 2* und *Queen Elizabeth 2* mehrmals, wie hier in Fort Lauderdale.

Insgesamt fünf Millionen Dollar bewilligte die Reederei für den Ankauf von Kunst. An Bord befinden sich Werke von 128 Künstlern aus 16 Ländern, zu mehr als 1300 Originalen kamen gut 4000 limitierte Drucke. Zu den kniffligsten Momenten beim Innenausbau zählte das Einsetzen des Kuppeldachs des ersten Planetariums an Bord eines Kreuzfahrtschiffes. Wäre die vier Tonnen schwere Kuppel auch nur um einen Zentimeter nach links oder rechts verrutscht, hätte sich der Schwerpunkt des Schiffes verschoben. Ein schwer zu korrigierender Fehler, denn das Planetarium liegt unten auf Deck 2, und man hätte die gesamten Segmente wieder herausreißen müssen.

Wenn die Königin der Meere in Hamburg anlegt, sind die Hafenbarkassen Monate im Voraus ausverkauft.

Am 25. September 2003 absolvierte die *Queen Mary 2* erfolgreich ihre erste Probefahrt auf See. Vier Tage wurde die Technik des größten Passagierschiffes der Welt auf dem Nordatlantik mehreren Testläufen unterzogen. Insgesamt fanden mehr als 40 unterschiedliche Prüfungen statt. Die 157 000 PS starken Motoren arbeiteten erstmals unter realen Bedingungen auf Hochtouren und brachten das Schiff auf die anvisierte Höchstgeschwindigkeit von knapp 30 Knoten, was ungefähr 56 km/h entspricht.

Am 22. Dezember 2003 wurde das Schiff an die Reederei übergeben, nach einer weiteren Probefahrt mit voller Mannschaftsstärke lief die *Queen Mary 2* am 26. Dezember 2003 zum ersten Mal in ihren Heimathafen Southampton ein. Über den Jahreswechsel durften Reedereimitarbeiter einen Kurztrip machen, um sich den Neubau anzuschauen. Zur Taufe am 8. Januar 2004 erschien die Taufpatin, Queen Elizabeth II., ganz in Pink und natürlich mit Hut. Am Nachmittag ließ sich die Monarchin von Commodore Warwick das Schiff zeigen, nach der obligatorischen Tea Time wurde die Königin zu ihrer Loge geführt. Vor rund 3000 geladenen Gästen trat Queen Elizabeth II. ans Rednerpult und ließ per Knopfdruck eine Drei-Liter-Champagnerflasche am Bug zerplatzen.

Vier Tage später, am 12. Januar 2004, brach die *Queen Mary 2* zur Jungfernfahrt von Southampton mit Ziel Fort Lauderdale auf. Als das Schiff zu den Klängen von

Karriere auf See

Auf einem Kreuzfahrtschiff zu arbeiten, ist nicht nur spannend, sondern bietet auch gute Aufstiegschancen. Auf den drei Queens gibt es rund 150 verschiedene Positionen, wobei Cunard Line aus Tradition im nautischen Bereich und bei den Ingenieuren nahezu ausschließlich britische Staatsbürger einsetzt. In der Hotelabteilung, zu der auch Küche und Unterhaltung gehören, sind aber viele Deutsche, Österreicher und Schweizer tätig, die aufgrund ihrer guten Ausbildung gerne angestellt werden. Wer sich bewerben möchte, sollte einige K.-o.-Kriterien beachten, bevor er Zeit und Geld verschwendet:

Bewerber sollten mindestens 21 Jahre alt und nicht älter als 35 Jahre sein, es sei denn, man bewirbt sich um eine Position, für die einige Jahre Berufserfahrung nötig sind, wie z. B. Wirtschaftsdirektor (Food & Beverage Manager) oder als Musiker.

Man sollte über eine abgeschlossene Ausbildung in der Hotelbranche oder Gastronomie verfügen, z. B. als Hotelkauffrau, Restaurantfachmann oder Koch.

Man muss sich auf Englisch problemlos verständigen können. Es ist nicht nötig, perfekt Englisch zu sprechen, aber man sollte in Notfallsituationen, die ständig trainiert werden, die Sprache problemlos beherrschen. Bestimmte Fachausdrücke sollten geläufig sein. So müssen zum Beispiel Köche wissen, was Schwein oder Kalb auf Englisch heißt.

Bewerber dürfen keine sichtbaren Tätowierungen oder Piercings tragen.

Es werden weder Praktika, Ferienjobs noch eine Ausbildung angeboten.

Man ist fast den gesamten Tag von Menschen umgeben – wer viel Privatsphäre benötigt, ist fehl am Platz.

Auch wenn die Tätigkeiten oftmals mit jenen in einem Hotel vergleichbar sind, unterscheiden sich die Arbeitsbedingungen erheblich. Man arbeitet sieben Tage in der Woche, 12 bis 14 Arbeitsstunden pro Tag sind nicht ungewöhnlich. Dafür sind Kabine, die außer bei Offiziersrängen mit einem anderen Crewmitglied geteilt werden muss, und Mahlzeiten kostenlos. Arbeitsverträge sehen in der Regel vier Monate auf See und dann zwei Monate Urlaub vor; man kann sich aber auch länger verpflichten. Eine gewisse Flexibilität kann bei der Bewerbung weiterhelfen: Gerade bei einer Ausbildung im Hotelfach lernt man ein breites Spektrum kennen. Frauen sollten sich nicht auf Rezeption oder Service versteifen, sondern auch in Betracht ziehen, als Zimmermädchen zu arbeiten, wenn sie unbedingt auf eine der Queens möchten. Und es gibt meistens zu wenig männliche Rezeptionisten. Einmal auf dem Schiff, kann man sich bei guten Leistungen viel einfacher intern für andere Jobs bewerben. Wenn sich Paare gemeinsam bewerben, sollten sie daran denken, dass es länger dauern kann, bis man an Bord desselben Schiffes gelangt, weil gleich zwei passende Stellen frei sein müssen. Es ist auch nicht immer möglich, gleichzeitig einzusteigen – ein Versatz von ein paar Wochen ist durchaus üblich.

Anfragen für eine Arbeitsstelle im Bereich Hotel und Entertainment auf den drei Queens können per E-Mail an job@cunard.co.uk gesendet werden. Man verbessert seine Chancen, wenn man eine ausführliche schriftliche Bewerbungsmappe einsendet, weil das Personalbüro dann nicht erst alle Unterlagen ausdrucken muss. Das Anschreiben geht an:

Cunard Hotel & Entertainment Recruitment
TQ3
c/o Richmond House
Terminus Terrace
Southampton, SO14 3PN

Alle Reisekosten von und zum Schiff werden normalerweise von der Reederei übernommen. Wird ein Vertrag vorzeitig beendet oder jemand aus disziplinarischen Gründen entlassen, zahlt er in der Regel die Rückreise selbst. Die Crew ist nach internationalem Recht mit einer Haftpflichtversicherung der Reederei bei Krankheit oder Unfall nur spärlich abgesichert, es wird dringend empfohlen, eine zusätzliche Kranken- und Unfallversicherung abzuschließen. Auch über einen privaten Rentenvertrag sollte man nachdenken, denn während der Zeit an Bord zahlt man nicht in die staatliche Rentenkasse ein.

Mit äußerster Präzision wird das riesige Schiff für Überholungsarbeiten in das Trockendock Elbe 17 bei Blohm & Voss in Hamburg manövriert.

Die Antriebseinheiten der *Queen Mary 2* befinden sich in Gondeln (Pods) außerhalb des Schiffsrumpfes (rechte Seite oben).

»Rule Britannia« den Heimatkai verließ, jubelten ihm Zehntausende Zuschauer zu. In der Jungfernsaison bot sich in jedem Hafen das gleiche Bild: Die *Queen Mary 2* wurde von unzähligen Privatbooten und vielen Zuschauern an Land erwartet. Vor allem die erste Begegnung zweier Queens in New York nach 38 Jahren, als sich am 25. April *Queen Mary 2* und *Queen Elizabeth 2* am Pier 90 in Manhattan trafen, sorgte für Aufsehen. Gemeinsam fuhren die beiden Queens in einer Tandemfahrt über den Atlantik nach Southampton, wo sie am 1. Mai von einer jubelnden Menge empfangen wurden.

Nirgendwo auf der Welt hat die Königin der Meere aber eine solche Resonanz gefunden wie in Hamburg. Beim ersten Anlauf in der Hansestadt wurde am 19. Juli 2004

ein riesiges Volksfest gefeiert, mehr als 400 000 Menschen aus dem In- und Ausland wollten das Schiff sehen. Viele Medien, aber auch Fachleute aus der Kreuzfahrtbranche hielten diesen grandiosen Erfolg für nicht wiederholbar. Es sei klar, dass das größte Passagierschiff der Welt beim Erstanlauf Aufmerksamkeit errege, die werde sich aber schnell wieder legen. Wie sich zeigen sollte, können sich auch Experten irren.

Zunächst aber kam die *Queen Mary 2* zu olympischen Ehren. Das griechische Nationale Olympische Komitee charterte den Luxusliner für die Olympischen Sommerspiele 2004 in Athen als Hotelschiff. Für 18 Tage ging die *Queen Mary 2* vom 12. bis 30. August 2004 als Flaggschiff der Olympischen Spiele 2004 in Piräus vor Anker.

Das deutsche Büro der Reederei in Hamburg plante unterdessen für den Sommer 2005 den *Queen Mary 2*-Day. Kapitän Bernard Warner war vom Resultat genauso beeindruckt wie sein Kollege Paul Wright ein Jahr zuvor, als er die *Queen Mary 2* am 1. August 2005 in den Hamburger Hafen steuerte. Rund 500 000 Besucher wurden an diesem Tag gezählt, mehr als 120 Medienvertreter wurden über das Schiff geführt, die Hamburger Hotels waren restlos ausgebucht. 50 000 zusätzliche Übernachtungen und viele Tagesgäste sorgten dafür, dass die Kasse klingelte. Hamburgs Tourismus-Chef Dietrich von Albedyll schätzte den zusätzlichen Umsatz für die Hansestadt auf 50 Millionen Euro.

Zu Jahresbeginn 2006 freuten sich zahlreiche Passagiere auf ihre Kreuzfahrt von New York rund um Südamerika und Kap Hoorn nach Los Angeles. Doch als das Schiff am 17. Januar in Fort Lauderdale ablegte, ging ein großer Ruck durch das Schiff. Auf der Brücke wunderte sich Commodore Warwick mit dem Lotsen über den Ausfall eines der Antriebpods, es schien, als habe das Schiff eine Grundberührung gehabt. Warwick ließ den Liner sofort wieder anlegen und ausgiebig von Tauchern untersuchen. Diese bestätigten, dass der Pod beschädigt, die *Queen Mary 2* aber ansonsten unversehrt sei. Der genaue Grund für die Karambolage wurde nie geklärt. Die beschädigte Einheit musste trotzdem schnellstmöglich im Trockendock abgenommen werden, um sie reparieren zu können. Die Wahl fiel auf die Hamburger Werft Blohm & Voss, im Mai wurde für das Schiff eine Werftliegezeit reserviert. Zuvor kam es in Los Angeles am 23. Februar 2006 zu einer denkwürdigen Begegnung, als die *Queen Mary 2* mit ihrer in Long Beach liegenden Vorgängerin *Queen Mary* zusammentraf, das Bild ging um die Welt. Mit der Wahl des Werfttermins war der Reederei ein großer Marketingcoup gelungen: Der 6. Mai 2006 fiel mit dem 817. Hafengeburtstag zusammen, einem Ereignis, das in Hamburg regelmäßig mehr als eine Million Zuschauer anlockt. An diesem Sonnabend waren es sogar noch mehr: Rund 1,5 Millionen Zuschauer feierten die *Queen Mary 2*, die man ausgiebig anschauen konnte. Der beschädigte Mermaid-Pod wurde bei Blohm & Voss problemlos abmontiert und ein halbes Jahr später, im November, bei einem fünftägigen Aufenthalt wieder angebracht.

Als die *Queen Elizabeth 2*, die *Queen Mary 2* und die *Queen Victoria* am 13. Januar 2008 gleichzeitig in New York eintrafen, war dies selbst in der damals 169-jährigen Geschichte der Cunard Line ein Novum und Meilenstein. Erstmals lagen in der langen Historie der Reederei drei Queens in einem Hafen. Zwar gingen auch diese Bilder um die Welt, aber es war mehr Medienauflauf denn Zuschaueransdrang. In Hamburg dagegen kamen selbst beim 14. Anlauf im August 2009 rund 150 000 Besucher, um das Schiff zu verabschieden.

CUNARD
Queen Victoria

QUEEN VICTORIA: 100 JAHRE BIS ZUR TAUFE

Als die *Queen Victoria* am 10. Dezember 2007 bei den offiziellen Tauffeierlichkeiten in Southampton ihren Namen erhielt, hatten 100 Jahre Wartezeit endlich ein Ende gefunden. Der Name der am längsten regierenden Monarchin Großbritanniens zählte immer zu den Favoriten des Cunard-Managements. Denn während der 64-jährigen Regierungszeit von Queen Victoria, die 1837 begann, wurde Cunard Line zu dem, wofür die Reederei heute steht: die berühmteste und traditionsreichste Schifffahrtslinie der Welt.

Bereits 1907 stand *Queen Victoria* erstmals auf der Namensliste für Neubauten der Cunard-Verantwortlichen, doch das zu taufende Schiff wurde *Mauretania* genannt. Auch die ersten vier Queens erhielten andere Namen, obwohl *Victoria* immer eine Option war. Bei dem im Jahre 2000 geplanten Neubau eines Kreuzfahrtschiffes war der Name der berühmten Regentin von Anfang an favorisiert worden. Aber auch dieses Mal dauerte es etwas länger als geplant, bis die *Queen Victoria* für Cunard Line tatsächlich in Dienst gestellt wurde.

Die Kreuzfahrtwelt horchte erstaunt auf, als Cunard Line am 14. Dezember 2001 einen zweiten Neubau ankündigte. Schließlich hatte man erst zwei Jahre zuvor bekannt gegeben, mit der *Queen Mary 2* das größte

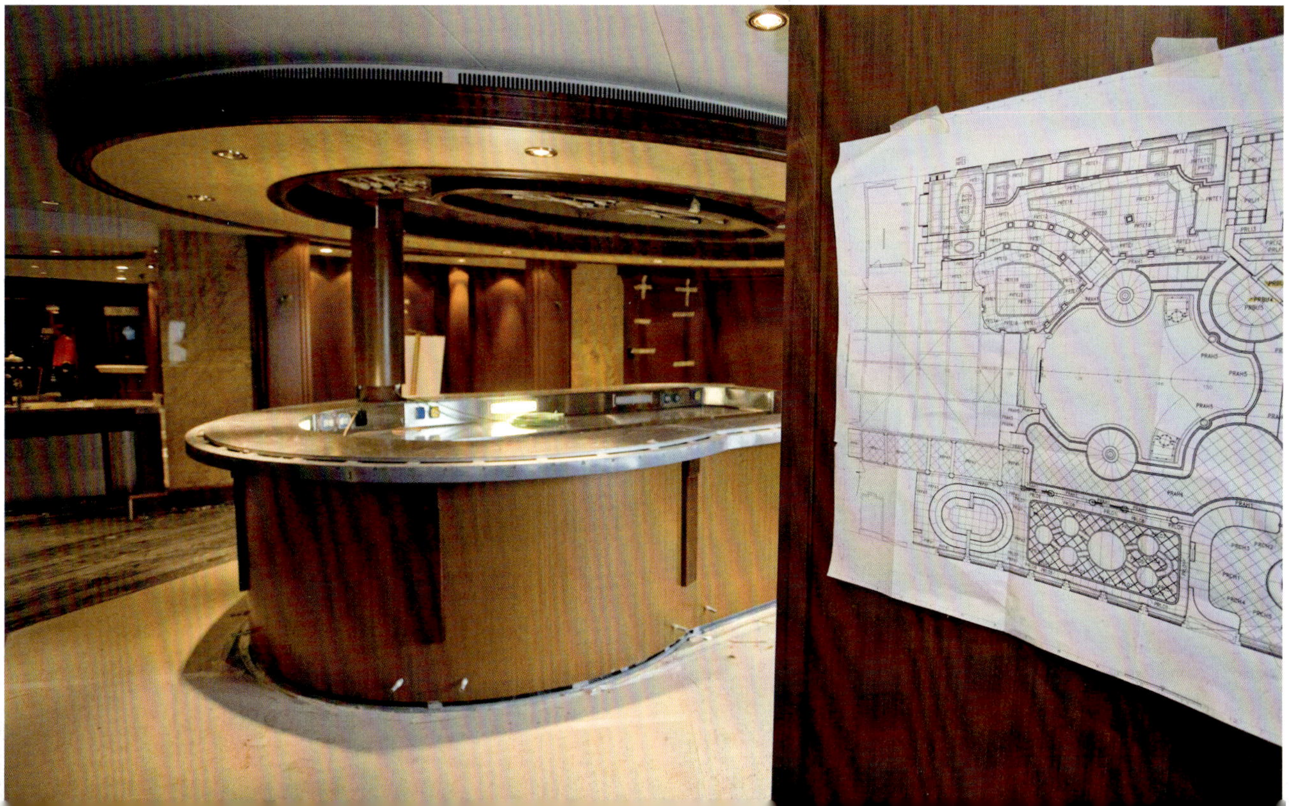

Vom Architektenplan bis zur fertig ausgestatteten und eingerichteten Bar ist es ein langer Weg; kurz vor der Fertigstellung fehlen noch der Teppich und alle Geräte (vorhergehende Seite).

Auch auf den Außendecks ist der Boden noch nicht fertig verlegt (oben).

Von außen scheint das Schiff bereits fertig, innen sind die Arbeiten noch in vollem Gang (unten).

Passagierschiff der Welt bauen zu wollen. Was hatte die Muttergesellschaft Carnival Corporation strategisch vor? Ein zweites Schiff im transatlantischen Liniendienst hatte deren Vorstandsvorsitzender Mickey Arison damals ausgeschlossen. Das konnte aber nur bedeuten, dass dieser Neubau kein klassischer Liner, sondern ein reines Kreuzfahrtschiff werden sollte. Ein Konzept, das Cunard Line seit dem Bau der *Cunard Princess* 1977 nicht mehr verfolgt hatte. Alle danach als Kreuzfahrer eingesetzten Schiffe wie zum Beispiel die später in *Caronia* umbenannte *Vistafjord*, das erste deutsche »Traumschiff«, waren von anderen Reedereien gekauft worden.

Auch die Wahl der Werft sorgte für Aufsehen, denn sie fiel auf den italienischen Konzern Fincantieri. Fincantieri baute bereits seit Langem Schiffe für die Carnival Corporation, für die Tochtermarken Holland America, Costa Crociere und Princess Cruises. Insgesamt hatten die Italiener für die verschiedenen Marken von Carnival schon 29 Schiffe im Wert von rund zehn Milliarden Dollar ausgeliefert. Aber dieser Auftrag war auch für den Werftkonzern etwas Besonderes: Es war das erste Mal, dass die traditionsreiche Cunard Line ein Schiff in Italien bauen ließ. Dementsprechend ordnete auch der CEO von Fincantieri, Giuseppe Bono, diesen Vertrag ein: »Eine solche Beziehung zwischen Kunde und Lieferant wie zwischen unserer Werft und der Carnival Corporation gibt es in der Kreuzfahrtbranche kein zweites Mal. Wir bauen nun bereits das dreißigste Schiff für Carnival, und es ist uns eine ganz besondere Ehre, dass wir dies nun auch zum ersten Mal für die traditionsreichste Reederei der Welt, Cunard Line, tun dürfen.«

Ursprünglich war dieser Werftplatz für einen Neubau von Holland America Line mit der Baunummer 6078 vorgesehen gewesen, doch der Bauauftrag wurde an Cunard Line weitergereicht, die Fertigstellung war für den Sommer 2005 geplant. Der Neubau sollte am Fincantieri-Standort Maghera in der Lagune von Venedig entstehen und mit einer Bruttoraumzahl von 85 000 zweitgrößtes Cunard-Schiff aller Zeiten werden.

Die Werft in Maghera ist einer von acht Fincantieri-Standorten in Italien, das Traditionsunternehmen wurde 1923 von dem Mailänder Industriellen Ernesto Breda gegründet. Im Zweiten Weltkrieg wurden die Anlagen in Maghera nahezu vollständig zerstört, in den 1950er-Jahren konnte die Werft beim Wiederaufbau großzügig erweitert werden. Die Fincantieri-Gruppe kaufte Marghera im Jahre 1979, hier und an den Standorten Monfalcone bei Triest und Sestri Ponente bei Venedig werden Kreuzfahrtschiffe gebaut.

Am 31. März 2003 hatten die Spekulationen um den Namen ein Ende, das Cunard-Management gab bekannt, dass der Neubau tatsächlich *Queen Victoria* heißen sollte. Die Kiellegung war für den 4. Juli 2003 vorgesehen, den 163. Jahrestag der Jungfernreise der *Britannia*. Doch während die Reederei solche Anlässe ansonsten zu öffentlichkeitswirksamen Auftritten nutzte, blieb es dieses Mal merkwürdig ruhig. Denn in der Zwischenzeit war dem Management der Carnival Corporation deutlich geworden, dass die Tochter P & O Cruises dringend ein neues Schiff benötigte, um der großen Nachfrage auf dem britischen Markt gerecht werden zu können. Gleichzeitig hatte sich das Cunard-Management entschlossen, Modifizierungen an dem ursprünglich geplanten Schiff vorzunehmen, so sollten die Innenaufteilung großzügiger gestaltet, luxuriösere Suiten eingebaut und öffentliche Räume sowie Res-taurants mit mehr Komfort für die Passagiere versehen werden. Die endgültige Entscheidung, das halbfertige Schiff P & O Cruises zu überlassen, fiel im Frühjahr 2004, ein Jahr später wurde der Neubau von dieser Reederei als *Arcadia* in Dienst gestellt. Wenn man genau hinschaut, sieht man noch, dass dieses Schiff ursprünglich für Cunard Line fahren sollte: Der Schornstein ist im Cunard-Stil gebaut und unterscheidet sich in der Bauart von denen auf anderen P & O-Schiffen, obwohl er natürlich im typischen Gelbton von P & O gestrichen ist.

GRÖSSER, LÄNGER, PRÄCHTIGER

Für die Design- und Werftteams von Cunard Line begann eine neue Planungsphase, der ursprüngliche Entwurf musste vollkommen überarbeitet werden. Man nutzte die Gelegenheit, um an der Konstruktion, die auf den Planungen der VISTA-Klasse der Holland America Line beruhte, Modifikationen vorzunehmen, die dem neuen Schiff bessere Seeeigenschaften verleihen sollten. Der Rumpf wurde länger und zusätzlich mit Stahlplatten verstärkt, um auch problemlos Atlantiküberquerungen vornehmen zu können. Der Neubau wurde auf rund 90 000 Tonnen vergrößert, was gegenüber dem ersten Bauplan eine Verlängerung um elf Meter bedeutete. Das Schiff wurde jetzt mit 294 Metern Länge, 32,30 Metern Breite, 62,50 Metern Höhe und einem Tiefgang von acht Metern ausgelegt. Außerdem erhielt die Brücke eine andere Form, die nunmehr mehr dem Pendant auf der *Queen Mary 2* ähnelte. Der Neubau wurde so geplant, dass er gerade noch durch den Panamakanal passte, ein wichtiger Vorteil auf dem Kreuzfahrtmarkt. Gleichzeitig wurden mit Fincantieri neue Verhandlungen über den Neubau aufgenommen und zusätzlich rund 80 Millionen Dollar für Außen- und Innenausstattung sowie Möblierung bereitgestellt. Am 3. Dezember 2004 wurde die endgültige Bestellung verkündet, die Baukosten sollten rund 400 Millionen Dollar betragen, das Projekt erhielt die Baunummer 6127. Als Ablieferungstermin war Ende November 2007 vorgesehen.

Auch dieses Mal blieb es mehr als ein Jahr ruhig um das Schiff. Zwar gingen die Arbeiten in der Werft voran, die Stahlplatten wurden geschnitten und die Segmente vorgefertigt, aber es gab in der Öffentlichkeit keine neuen Meldungen über das Schiff. Dies änderte sich erst am 16. Februar 2006, als erste Details der *Queen Victoria*, die Taufe im Heimathafen Southampton am 10. Dezember 2007 sowie die ersten drei Routen bekannt gegeben wurden. Die erste Reise führte am 11. Dezember von Southampton aus zu den Weihnachtsmärkten Europas nach Brügge, Oslo, Kopenhagen sowie Rotterdam und schloss gleich auf der Jungfernfahrt einen Anlauf in Hamburg am 18. Dezember 2007 mit ein. Das Cunard-Management reagierte damit auf die großartige Arbeit der deutschen Vertretung mit den Erfolgen bei den Anläufen der *Queen Mary 2*. Kreuzfahrten sind auf dem deutschen Markt das einzige Wachstumssegment innerhalb der Touristik, das seit Jahren zweistellige Steigerungsraten aufweisen kann. Cunard Line versprach sich mit dem neuen Schiff einen weiteren Schritt heraus aus dem begrenzten Nischenmarkt der Luxusreisen, denn ein modernes reines Kreuzfahrtschiff wie die *Queen Victoria*, deren Deckaufbau, Ausstattung und Programm auf die Bedürfnisse von Kreuzfahrtkunden zugeschnitten sind, fehlte bislang im Cunard-Portfolio.

Die zweite Fahrt über Weihnachten und Silvester sollte 16 Tage dauern und ab Southampton zu den Kanarischen Inseln führen und zurück. Für den 6. Januar 2008 war als Auftakt für die erste Weltreisesaison eine gemeinsame Atlantiküberquerung mit der *Queen Elizabeth 2* nach New York vorgesehen, wo die beiden Schiffe am 13. Januar 2008 auf die *Queen Mary 2* treffen sollten – das erste Treffen dreier Cunard-Queens in 168 Jahren Reedereigeschichte. Am 3. April 2006 war weltweiter Buchungsstart für die Jungfernreisen der *Queen Victoria*, die erste Fahrt von Southampton zu den nordeuropäischen Weihnachtsmärkten war innerhalb von zwölf Stunden ausverkauft.

Durch die Veränderung des ursprünglichen Bauplans wirkt das Schiff fast wie ein klassischer Liner.

Auf der Werft waren mittlerweile die Segmente so weit vorgefertigt worden, dass die offizielle Kiellegung stattfinden konnte. Am 19. Mai 2006 ließen Cunard-Präsidentin Carol Marlow und Commodore Ronald Warwick in Marghera den ersten Teil der Schiffshülle im Dock platzieren. Während der Kiellegung wurde eine der größten Sektionen des Schiffes von Lastkränen in das Trockendock hinabgelassen. Der aus sechs Segmenten zusammengeschweißte Abschnitt wog 325 Tonnen, darin eingerechnet waren 50 Tonnen Rohrleitungen, Kabel, Isolation und andere wichtige Bestandteile. Bis zur Fertigstellung wurden 79 weitere Sektionen verbaut, die *Queen Victoria* also aus 80 vorgefertigten Sektionen zusammengesetzt. Die gewaltige Brückenfront, rund 34 Meter lang, wurde als einzelnes Segment gefertigt und mit dem Lastkran auf Deck 8 gehoben, 26 Meter über dem Meeresspiegel.

Im September 2006 waren insgesamt 10 500 Tonnen Stahl und 33 von 80 Sektionen verbaut worden. Auch die Maschinen und die Bugstrahlruder waren bereits

Was früher reichhaltig mit echtem Holz verziert worden wäre, wird heute durch Imitat ersetzt. Der Grund dafür ist eine neue internationale Sicherheitsverordnung, die seit Anfang 2010 Vorschrift ist.

eingebaut. Die sechs Dieselmotoren des Typs Sulzer ZA 40 wurden von der finnischen Firma Wärtsila hergestellt – vier Sechzehnzylinder und zwei Zwölfzylinder mit einer Bohrung von 400 Millimetern und einem Kolbenhub von 560 Millimetern. Die Motoren speisen Generatoren, die die Energie in Strom umwandeln, insgesamt 63,4 Megawatt. Davon werden elf Megawatt für den Hotelbetrieb genutzt, 48 Megawatt für den Antrieb, der Rest steht als Reserve zur Verfügung. Der Antrieb erfolgt über zwei Azipods Z 8040, die von ABB in Finnland gebaut wurden. Die beiden Gondeln sind um 360 Grad drehbar, sodass auch die *Queen Victoria* über eine hohe Manövrierfähigkeit verfügt, und leisten maximal 17,6 Megawatt. Mit den drei Bugstrahlrudern, die je bis zu 2,2 Megawatt Leistung abrufen können, kann das Schiff wie die *Queen Mary 2* ohne Ruderanlage nur durch die Richtungs- und Geschwindigkeitseinstellung der Pods und Bugstrahlruder gesteuert werden. Die Höchstgeschwindigkeit der *Queen Victoria* liegt bei 23,7 Knoten, die Betriebsgeschwindigkeit beträgt zwischen 18 bis 20 Knoten. Der Verbrauch liegt bei Höchstgeschwindigkeit bei zehn Tonnen Schweröl per Stunde, insgesamt können 3000 Tonnen Schweröl

Der erste Kapitän der *Queen Victoria*: Paul Wright

Der 1948 geborene Kapitän fuhr 1965 zum ersten Mal als Kadett mit Gas- und Öltankern zur See. Vier Jahre später stieg er auf Passagierschiffe um und wechselte zu Canadian Pacific (CP). Als einer der größten Transport- und Rohstoffkonzerne weltweit verfügte CP neben Minen sowie Öl- und Gasfeldern auch über die kanadische Eisenbahn, Hotels und Kreuzfahrtschiffe wie die *Empress of Britain*, die *Empress of England* und die *Empress of Canada*. 1980 kam Paul Wright dann zu Cunard Line, seinen ersten Einsatz hatte der charmante Brite auf der *Cunard Countess*, danach fuhr er auf der *Cunard Princess*, der *Sagafjord* und der *Cunard Dynasty*.

1999 wurde Wright zum Kapitän des damaligen Flaggschiffs der Reederei, der *Queen Elizabeth 2*, befördert. Auf ihr führte er das Kommando bis zum von ihm betreuten Bau der *Queen Mary 2* in St. Nazaire. Nach seiner Ernennung zum Kapitän der *Queen Mary 2* im Jahre 2004 wechselte er sich bei der Führung des Schiffes mit Commodore Ronald Warwick ab. Nachdem er als Werftkapitän schon bei der gesamten Planungsphase und während des Baus der *Queen Victoria* beteiligt war, wurde Wright im Oktober 2006 zum ersten Master des neuen Luxusliners ernannt.

Auf die Frage nach seinen einprägsamsten Momenten auf See führt er vier Erlebnisse auf: Als er Anfang der 1990er-Jahre den Astronauten und ersten Menschen auf dem Mond, Neil Amstrong, traf, der bei einer Reise als Lektor mitfuhr; den Moment, als er als Kapitän die *Queen Elizabeth 2* zum ersten Mal nach den Anschlägen auf das World Trade Center am 11. September nach fünf Monaten wieder nach New York führte, und als er die *Queen Mary 2* zu ihrem Erstanlauf nach Hamburg brachte und eine halbe Million Menschen kamen, um das Schiff zu begrüßen. Auch der erste Anlauf der *Queen Victoria* in Southampton mit der vier Tage späteren Taufe, als er zunächst den britischen Thronfolger Charles und seine Frau Camilla Mountbatten-Windsor über das Schiff führen und dann Camilla als Taufpatin zum Podium geleiten durfte, bescherte ihm ein unvergessliches Erlebnis. Wenn er nicht an Bord ist, lebt Paul Wright mit seiner Frau Linda in einem Dorf bei Truro in Cornwall.

Die Probefahrten bestand das neue Schiff mit Bravour. Mehr als 40 Tests wurden vorgenommen und liefen zur vollsten Zufriedenheit der Verantwortlichen (oben).

Der damalige italienische Ministerpräsident Prodi ließ es sich nicht nehmen, die *Queen Victoria* persönlich an den Eigner und Reeder Mickey Arison, CEO der Carnival Corporation, zu übergeben (unten).

und 150 Tonnen Marine Gas Oil gebunkert werden. Ein Paar Stabilisatoren (je einer auf jeder Seite mit rund 20 Quadratmetern Finne) vermindert bei unruhiger See die Schiffsbewegungen.

Am 4. Oktober 2006 wurde der erste Kapitän der *Queen Victoria* bekannt gegeben, der sich fortan als Werftkapitän mit einem Team von Cunard-Mitarbeitern auch darum kümmern sollte, dass beim Bau des Schiffes auch alle Vorgaben eingehalten wurden. Die Wahl fiel auf Paul Wright, einen Cunard-Veteranen, der schon seit 26 Jahren im Dienst der Reederei stand. Wright war zuvor bereits Kapitän auf den beiden Flaggschiffen *Queen Elizabeth 2* und *Queen Mary 2* gewesen, er hatte auch die *Queen Mary 2* zum ersten Mal nach Hamburg gebracht.

Während einer feierlichen Zeremonie verließ die *Queen Victoria* am 15. Januar 2007 das geflutete Trockendock. Mit dem Aufschwimmen wurde die traditionelle Münzzeremonie durchgeführt. Auf italienischen Werften ist es Tradition, dass zum Aufschwimmen eine Patin, die sogenannte »Madrina«, ernannt wird. Als Madrina des Schiffes wurde Maureen Ryan ausgewählt, die seit 1963 in Diensten von Cunard Line stand und die einzige Angestellte war, die auf allen vier Queens der Reederei gefahren ist: *Queen Mary, Queen Elizabeth, Queen Elizabeth 2* und *Queen Mary 2*. Als 17-Jährige war Maureen Ryan zum ersten Mal an Bord gegangen, langjährige Stammgäste kennen die charmante Britin als fürsorgliche und liebenswerte Hostess. Während der Münzzeremonie wurden eine italienische Zwei-Euro-Münze sowie ein goldener Sovereign aus der Zeit Queen Victorias, der auf der Rückseite den Heiligen Georg im Kampf mit einem Drachen zeigte, von Cunard-Präsidentin Carol Marlow in den Fuß des Hauptmastes gelegt. Diese alte Münze hatte für das Cunard-Management eine besondere Bedeutung, wie Carol Marlow erklärte: »Cunard Line wurde zu Beginn des Viktorianischen Zeitalters gegründet. Queen Victoria saß gerade drei Jahre auf dem Thron, als Samuel Cunard sein erstes Schiff, die *Britannia*, über den Atlantik schickte. Und während der langen Herrschaft von Queen Victoria expandierte die Reederei, bis sie die bedeutendste britische Zivilflotte stellte. Heute ist Cunard Line der wohl berühmteste Name in der internationalen Schifffahrt, und dieses großartige Schiff wird diese Tradition fortsetzen und den großen Namen der Reederei in der ganzen Welt würdig vertreten.«

Zum Abschluss segnete ein Priester das Schiff, dann wurden die italienische und englische Nationalhymne gespielt, und Maureen Ryan ließ zum Abschluss eine Flasche Prosecco an der Außenhülle zerschellen. Nun öffneten sich die Docktore, und die *Queen Victoria* wurde vom Baudock an die Ausrüstungspier verlegt. Damit war die letzte Bauphase eingeläutet, vor allem die Innenausbauten wurden nun in Angriff genommen. Im April 2007

Zu der Übergabezeremonie im Theater waren hochrangige Gäste aus Politik, Wirtschaft und Showbusiness sowie der Schifffahrtsbranche eingeladen. Das Musikkorps der Schottischen Garde sorgte für die musikalische Untermalung.

waren alle technischen Anlagen und Vorrichtungen eingebaut, und die Dieselgeneratoren wurden ersten Funktionstests unterworfen. Auch die Inneneinrichtung war schon deutlich vorangeschritten, die Ausstattung aller Gesellschaftsräume zeichnete sich bereits deutlich ab, und die ersten 400 Kabinen waren eingebaut.

Am 24. August 2007 brach die *Queen Victoria* zu ihrer ersten Probefahrt mit rund 600 Arbeitern und dem Cunard-Werftteam an Bord in die Adria auf. Drei Tage lang wurde auf See die Technik mehreren Testläufen unterzogen. Dabei wurde vor allem das Antriebssystem überprüft. Die rund 40 vorgenommenen Tests zur Stabilität, Zuverlässigkeit und Leistung der Maschinen des Schiffes verliefen äußerst zufriedenstellend. Bremsverhalten, Stabilität und Manövrierfähigkeit der neuen Queen wurden durch Einschlagen eines scharfen Zickzackkurses mehrfach auf die Probe gestellt. Auch diese Tests verliefen erfolgreich. Zurück in der Werft begann die letzte Ausstattungsphase: Die großen Kronleuchter in Britannia Restaurant und Queens Room wurden ebenso angebracht wie die vielen Tausend kleinen Mosaikkacheln im Spa-Bereich.

Am 10. September 2007 lüftete die Reederei das Geheimnis um die Taufpatin. Der Name sorgte für viel Aufsehen, gerade in Großbritannien, denn zum ersten Mal wurde eine Cunard-Queen nicht von einer britischen Königin getauft. Das britische Königshaus hatte auf Anfrage der Reederei entschieden, dass die Taufpatin Camilla Roseary Mountbatten-Windsor, Herzogin von Cornwall und Rothesay sein sollte, die Frau des britischen Thronfolgers Prinz Charles und vielen besser bekannt als Camilla Parker Bowles. Die Herzogin sollte am 10. Dezember 2007 zum ersten Mal eine Rolle einnehmen, die bislang einer Königin vorbehalten war.

EIN SCHWIMMENDER VIKTORIANISCHER PALAST

Mitte Oktober lud Cunard Line zum ersten Mal die Weltpresse ein, um das neue Schiff auch von innen in Augenschein zu nehmen. Zu diesem Zeitpunkt befanden sich bereits 400 Cunard-Angestellte auf der Werft in Maghera, der überwiegende Teil Techniker und Designer, darunter waren aber auch schon 30 Mitarbeiter der Hotelabteilung, die ein Schulungsprogramm für die in einem Monat anreisende Besatzung erstellte und bereits die ersten Abläufe durchging. Zu diesem Zeitpunkt wurde noch fieberhaft gearbeitet, um den Innenausbau des Schiffes bis zum Übergabetermin Ende November nicht nur fertigzustellen, sondern auf Hochglanz zu bringen.

Bei der Inneneinrichtung des Schiffes wurde großer Wert darauf gelegt, traditionelle britische Stilelemente mit dem Glamour der goldenen Ära der Ozeanliner Anfang des 20. Jahrhunderts zu verbinden. Die verantwortliche Innenarchitektin Theresa Anderson plante das Dekor so, dass Höhe und Weite der öffentlichen Räume hervorgehoben und bestmöglich ausgenutzt wurden: »Dabei wurden klassische Motive aus der viktorianischen Epoche mit Art déco- und Art nouveau-Elementen verbunden und damit ein Stilmix mit fließenden Übergängen geschaffen, der überraschend spielerisch und nicht überladen wirkt.«

Der Gast betritt die *Queen Victoria* auf Deck 1, der untersten Ebene der dreistöckigen Grand Lobby, die noch prunkvoller gestaltet ist als auf der *Queen Mary 2*. Der erste Eindruck zählt – nach diesem Motto haben die Innenarchitekten von »designteam« den zentralen Punkt des Schiffes gestaltet. Die verschwenderische Architektur und Ausstattung erinnert an das Design der großen Ocean Liner: Blickfang ist die große Freitreppe mit dem Geländer aus Gusseisen und einem Handlauf aus Mahagoni, die sich ein Stockwerk höher in zwei Flügel teilt. Im Hintergrund dominiert eine mehr als sechs Meter hohe dreidimensionale Reliefarbeit von John McKenna die Szenerie. Das Werk ist das Gegenstück zu McKennas Skulptur in der Grand Lobby auf der *Queen Mary 2*. Es zeigt die aus der Sonne herausfahrende *Queen Victoria* vor einer Weltkarte und ist eingebettet in einen überdimensionalen Torbogen. Geschwungene Glasbalkone auf drei Seiten von Deck 2 und 3 lassen die Grand Lobby weitläufig und großzügig erscheinen.

Dieses Konzept zieht sich durch das gesamte Schiff. »Die häufige Verwendung von zwei- und dreistöckigen Elementen soll den Eindruck eines sehr geräumigen Schiffes erwecken«, meint Rai Caluori, Direktor der Flotte bei Cunard Line. Wandelgänge, geschwungene Freitreppen, Glasbalustraden, umlaufende Balkone, Holzarbeiten mit aufwendiger Einlegearbeit, Kronleuchter aus Kristallglas von Swarovski und eigens angefertigte Kunstwerke, darunter großformatige Teppichwandbilder, Mosaiken, Bronzeskulpturen und -reliefs lassen das Schiff wie einen schwimmenden viktorianischen Palast erscheinen, der aber über modernste Technik verfügt. Innenarchitektin Theresa Anderson wollte mit der Ausstattung »ein klassisches Design mit modernem Interieur und Farben« schaffen.

Zur Ausschmückung wurden insgesamt 500 Kunstwerke im Wert von 1,5 Millionen Euro von Fidelity Arts aus Los Angeles ausgesucht – Ölgemälde, Stiche, Drucke, Skulpturen, Intarsien, buntes Fensterglas und Fotografien –,

die meisten von britischen Künstlern angefertigt. Die Kunstberaterin Amy Lucena, die diese Arbeit »einen Karrierehöhepunkt« genannt hat, war für die Handhabung und den Erwerb der Kunstwerke verantwortlich. Wertvollste Stücke sind wohl die von Queen Victoria und ihrem Mann, Prinz Albert, eigenhändig angefertigten Kaltnadelradierungen, die im Queens Room hängen. Auf einer Radierung von 1844 sind die Lieblingshunde des Königspaares, Eos und Lairnach, zu sehen, eine andere von 1840 zeigt den Hund Islay. Der junge Marinemaler Robert Lloyd erhielt den begehrten Auftrag, das neue Schiff in Öl zu malen. Er stellte die *Queen Victoria* seitlich von vorn dar, »um den markanten Bug zu betonen. Man soll das Gefühl haben, das Schiff komme direkt auf einen zu.« Lloyd malte auch die beiden großen Wandbilder in der Chart Room Bar. Eines zeigt die *Servia*, das erste

Wie auf der *Queen Mary 2* ist auch in der Lobby der *Queen Victoria* ein gewaltiges Relief von John McKenna der Blickfang (vorhergehende Seite).

Geschwungene Treppen und Glasbalkone prägen die dreistöckige Grand Lobby und sorgen für ein Gefühl von Großzügigkeit und Transparenz (links).

Queen Victoria und ihr Gatte Albert schufen eigenhändig diese Kaltnadelradierung ihres Hundes Eos, die im Queens Room hängt.

Schiff mit elektrischem Licht und erstes Cunard-Schiff aus Stahl, bei einer Atlantiküberquerung 1881, auf dem anderen ist der Schaufelraddampfer *Britannia*, das erste Schiff der Flotte Samuel Cunards dargestellt.

Die Kunstwerke, Fotos und Schautafeln in den drei Treppenhäusern sind jeweils einem anderen Thema gewidmet: das vordere den Stars und Berühmtheiten an Bord, das mittlere den Cunard-Linern und das hintere britischen Künstlern der Gegenwart. Kunstinteressierte Passagiere können sich am Purser's Desk einen Ipod Touch ausleihen und wie in einem Museum auf eine Hörtour zu ausgewählten Kunstwerken gehen. Der 80-minütige Rundgang führt die Hörer zu den 25 wichtigsten Werken und gibt eine Fülle von Informationen zu kunstgeschichtlichem Hintergrund und künstlerischen Methoden.

Naturfreund aus Neuseeland: Kapitän Christopher Rynd

Kapitän Christopher Rynd wurde 1953 in Neuseeland geboren und lernte bereits in seiner Kindheit andere Menschen und Kulturen kennen. Sein Vater war Priester und in verschiedenen Gemeinden im asiatisch-pazifischen Raum eingesetzt. So wuchs der junge Christopher in Singapur, Sri Lanka sowie auf den Fidschi-Inseln und Samoa auf. Mit 17 Jahren begann er eine Kadettenausbildung in Neuseeland und wurde nach erfolgreichem Abschluss von P&O Lines auf dem Passagierschiff *S.S. Oronsay* eingesetzt. Die Jahre als Junioroffizier verbrachte Rynd auf P&O-Frachtschiffen auf Routen zwischen Australien, Asien und Großbritannien, wurde aber auch immer wieder auf Kreuzfahrtschiffen eingesetzt – insgesamt verbrachte er 21 Jahre in Diensten von P&O Lines. Sein Kapitänspatent bekam er mit 26 Jahren in London, seine ersten Einsätze erhielt Rynd auf *Royal Princess* und *Pacific Princess*, Fernsehzuschauern bekannt als die beiden Schiffe aus der amerikanischen Fernsehserie »Love Boat«. Seitdem verbrachte der drahtige Neuseeländer den größten Teil seiner Karriere auf Kreuzfahrtschiffen und sammelte Erfahrungen in sämtlichen Fahrtgebieten auf allen Weltmeeren. Auch nach all den Jahren auf See ist für Rynd jede Hafeneinfahrt noch spannend, Wladiwostok und Valparaiso gehören seiner Meinung nach zu den herausforderndsten Anlegemanövern, die schönste Hafeneinfahrt für ihn ist Sydney.

Im Jahre 2000 erhielt der Naturliebhaber sein erstes eigenes Kommando auf der *Royal Princess*, führte 2004 das 116 000-Tonnen-Schiff *Sapphire Princess* auf dem Markt ein und befehligte insgesamt elf Schiffe, bevor er 2006 zum ersten Mal auf der *Queen Elizabeth 2* eingesetzt wurde. Als Vorbereitung auf diesen Einsatz trainierte der erfahrene Kapitän auf dem damals einzigen 360-Grad-Simulator in Dania Beach, Florida. Denn die *QE 2*, so bestätigte sich sein Eindruck beim ersten Einsatz, »ist schwieriger zu manövrieren als die modernen Schiffe. Sie ist wie ein Oldtimer, ein alter Bentley, und man muss sie sanft, aber mit festem Griff behandeln, vor allem beim An- und Ablegen. Ist sie erst einmal in Fahrt auf offener See, dann ist sie einfach wunderbar.« Eine Steigerung zu diesem Einsatz war nur noch das Kommando auf der *Queen Mary 2*, welches er kurze Zeit später übernehmen durfte.

Nach fast 40 Jahren auf See liebt Rynd immer noch die nautischen Herausforderungen, auch wenn sein Arbeitsalltag im Laufe der Jahre immer mehr zu einem Schreibtischjob geworden ist. Auf 60 Prozent seiner täglichen Arbeitszeit schätzt er den Papierkram ein, 15 bis 20 Prozent verwendet er für das sogenannte »socializing«, das Zugehen auf Passagiere, denn dies gehört zu den gesellschaftlichen Verpflichtungen eines Kreuzfahrtkapitäns. So lädt Rynd nicht nur ausgewählte Passagiere zum Essen an den Kapitänstisch oder zum Cocktail ein, sondern gratuliert auch mit persönlichen Schreiben zu Geburts- und Hochzeitstagen und muss allein beim Kapitänsempfang für die Gäste des Britannia Restaurants auf der *Queen Mary 2* bis zu 800 Hände schütteln und für ähnlich viele Fotos bereitstehen.

Die tägliche Kapitänsansage um 12.00 Uhr Schiffszeit mit Informationen zu Route, Wetter, zurückgelegter Strecke und eventuellen Sehenswürdigkeiten des Tages ist fester Bestandteil seines Tagesablaufs, selbst wenn er wegen Schlechtwetter die ganze Nacht auf der Brücke verbracht hat. Nur noch 20 Prozent seines Arbeitstages kann sich Rynd mit nautischen Dingen beschäftigen, neben täglichen Besprechungen mit seinem Offiziersstab sind dies vor allem das Festlegen der Fahrtroute und die Überprüfung von Kartenberechnungen sowie Wetterlagen. Dazu kommen noch die zahlreichen Trainingsstunden für Offiziere und Crew, wie Seenotrettungs- und Feuerbekämpfungsübungen, medizinische Notfälle und Unfälle, aber auch das Üben von Ausweichmanövern bei Kollisionsgefahr, die der Kapitän persönlich leitet oder überprüft.

Vier Monate leistet Rynd Dienst auf See, danach hat der Kapitän bis zum nächsten Einsatz zwei Monate frei. Seinen Urlaub verbringt er am liebsten mit seiner Frau Julie, dem Sohn und den beiden Töchtern zunächst in seinem Haus bei Sydney, das direkt am Wasser liegt: »Die ersten beiden Wochen brauche ich immer zur Eingewöhnung

und freue mich auf absolute Ruhe; es ist schon eine Herausforderung, sich wieder an dieses andere Leben zu gewöhnen.« Dabei verbringt seine australische Ehefrau viel Zeit bei ihm auf See, vor allem seitdem das jüngste der drei Kinder die Schule verlassen hat. Im Urlaub fest eingeplant sind auch die geliebten Wandertouren auf der Südinsel Neuseelands und das Hobby Forellenfischen, den Rest der Zeit verbringen Christopher Rynd und seine Frau Julie in London, dem zweiten Wohnsitz des Paares.

Das zweistöckige Britannia-Restaurant ist nach dem Vorbild des legendären Pullmanzugs »Golden Arrow« gestaltet. Der Kapitänstisch befindet sich direkt vor dem Globus.

Auf der untersten Ebene der Grand Lobby, Deck 1, befinden sich die Rezeption, das Ausflugsbüro, die ConeX-Xions-Konferenzräume, das Internetcafé und vier Fahrstühle, die bis zu Deck 9 führen. Rund um das intarsienverzierte Parkett im Mittelpunkt wurden Sitzecken mit Sesseln und Sofas angeordnet. Da von diesem Punkt viele Gesellschaftsräume abzweigen, sind diese ein idealer Ort zum Sehen und Gesehenwerden.

Geht man die prächtige Freitreppe hinauf und nimmt den rechten Flügel hoch zu Deck 2, gelangt man zum Todd English Restaurant. Der amerikanische Meisterkoch konnte mit seinen kulinarischen Kreationen auf der *Queen Mary 2* so überzeugen, dass auch das neue Schiff ein Restaurant erhielt, in dem nach seinen Rezepten gekocht wird. Die Innenarchitekten ließen sich bei Einrichtung und Dekoration des 87 Sitzplätze umfassenden Todd English Restaurants von den Räumlichkeiten des Dorchester Hotels in London inspirieren. Neu ist eine Tapas-Bar im hinteren Bereich, an der auch Aperitifs genommen werden können. Das Restaurant ist in drei verschiedene Sektionen unterteilt: Es gibt Tische mit Meerblick direkt an den Panoramafenstern, Plätze im Inneren und Barbereich sowie Tische mit Blick auf die Grand Lobby. Das kulinarische Erlebnis wird abgerundet von hochwertigen Gedecken mit feinstem Wedgwood-Porzellan, Waterford-Kristallgläsern, Tafelsilber von Gainsborough und Bestecken von Hepp. Wie auf der *Queen Mary 2* kostet das Mittagessen hier 20 Dollar pro Person, das Abendessen wird mit 30 Dollar pro Person berechnet.

Gleich neben dem Todd English Restaurant befindet sich der Eingang zur Bibliothek. Das Paradies für Bücherratten ist im Stil alter englischer Bibliotheken gehalten, zweistöckig mit einer Wendeltreppe, reich mit poliertem Mahagoni vertäfelt, die Bücherschränke haben Türen aus geschliffenem Glas, sind verziert mit klassischen Akanthusreliefs und von innen beleuchtet. Das dunkle Holz, die verzierten Glastüren, eine Bleiglaskuppel mit Tiffanyeinlegearbeiten von John Hardman & Company und die schweren Lesesessel aus grünem Leder erzeugen ein Ambiente wie im England des 19. Jahrhunderts und laden zum Schmökern ein. Zwei Bibliothekarinnen wachen über rund 6000 Bücher, der Bestand wird regelmäßig ergänzt und aktualisiert.

Die Wendeltreppe aus Mahagoni führt auf einen klassischen Umlauf, wie man ihn von den Universitäten in Oxford oder Cambridge kennt. Eine Besonderheit ist der Teppichboden auf der unteren Ebene, hier sind die Signaturen von 20 berühmten englischsprachigen Autoren eingewebt, darunter Edgar Allan Poe, Lewis Carroll, Jane Austen oder John Keats. Wer die Unterschriften nicht

erraten oder identifizieren kann, findet auf einer Schautafel die Auflösung.

Gegenüber der Bibliothek befinden sich auf Deck 2 die Veuve Cliquot Champagner Bar und das Café Carinthia, das wie eine alte französische Patisserie gestaltet ist. Mit Art déco-Elementen in Gold-, Blau- und Bronzetönen sowie einem Gemälde des namensgebenden Cunard-

Die Veuve Cliquot Champagner Bar schmückt ein Wandgemälde der *Queen Mary* (linke Seite oben).

In den Glasvitrinen bei der Chart Room Bar kann man Schiffsmodelle, historische Fotos und antikes maritimes Spielzeug bewundern (oben).

Eine Wendeltreppe führt in den zweiten Stock der Bibliothek, die mehr als 6000 Bücher umfasst (unten).

Schiffes von Marinemaler Stephen Card und einer Serie von Londoner Straßenkarten aus dem vergangenen Jahrhundert der Edition Charles Dickens ist auch hier ein Bezug zum Viktorianischen Zeitalter geschaffen worden. Das Café mit 59 Plätzen ist bis in den späten Abend geöffnet und bietet den ganzen Tag eine reichhaltige Auswahl an Kaffee- und Teesorten sowie frisch gebackene Croissants, Muffins, Sandwiches, Quiches und andere Snacks. Ein Highlight sind die Torten und Kuchen, die am Nachmittag angeboten werden.

Die Champagner Bar bietet einen guten Überblick über die Grand Lobby und ist im Art déco-Stil der 1920er-Jahre gehalten. Bis zu 34 Gäste können hier sitzen und neben Champagner auch eine Hors d'œuvre-Auswahl genießen. Das Wandbild im Inneren der Bar stammt von Barry Rowe, der für seine Art déco-Porträts historischer Automodelle bekannt ist, und zeigt den Stapellauf der *Queen Mary*. Auf einem weiteren Wandbild außen ist der Kristallpalast abgebildet, den Prinz Albert für die Weltausstellung 1851 gestiftet hat. Geht man weiter Richtung Heck, gelangt man in den Chart Room, eine nautische Themenbar, die der Cocktailbar der *Queen Mary* nachempfunden ist. In großen Glaskästen sind Schaustücke wie Schiffsmodelle, historische Fotos, Schautafeln, eine Original-Seemannsmütze der Reederei aus den 1930er-Jahren und maritimes Spielzeug ausgestellt. An der Wand hängen neben Seekarten die beiden Ölgemälde von Robert Lloyd, die die *Britannia* und die *Servia* zeigen. Stephen Card trug die Gemälde der *Caronia* und der *Olympic* bei. Die Balustraden in der 77 Sitzplätze bietenden Bar sind nach dem Vorbild im Erste-Klasse-Speisesaal der *Queen Mary* gestaltet.

An die Chart Room Bar schließt nach dem hinteren Treppenhaus das Hauptrestaurant der *Queen Victoria* an, das Britannia Restaurant, dessen Vorbild der Speisewagen des legendären Pullmanzugs »Golden Arrow« ist, der London mit Paris verband. Bis zu 878 Gäste speisen hier in traditionell zwei Sitzungen. Da sich das zweistöckige Restaurant am Heck befindet, erlauben große Panoramafenster während des Essens einen spektakulären Blick auf das Meer. Geschwungene Treppen führen auf die obere Ebene, die von Art déco-Säulen und -Bögen gestützt wird. Blickfang ist ein drei Meter hoher Globus aus Stahl und Messing mit einem Äquatorring aus Bronze von David Norris. Er steht gegenüber dem Eingang und ist direkt hinter dem Kapitänstisch in einen Alkoven eingebettet. Ins Auge fällt auch der über zwei Stock-

Das Cunardia ist das erste Museum auf See. Die Ausstellung erzählt die Geschichte der Königinnen *Queen Mary, Queen Elizabeth, Queen Elizabeth 2* und *Queen Mary 2.*

werke reichende Kronleuchter im Eingangsbereich, weitere kleinere Kronleuchter aus Swarovski-Kristallglas finden sich im hinteren Bereich. An den Wänden sind aufwendige Holzverzierungen und Bronzespiegel angebracht, zum Abendessen gibt es Musik von einem Streichquartett oder einem Harfenspieler.

Geht man von der Grand Lobby auf Deck 2 in Richtung Heck, so stößt man zunächst auf das einzige Museum auf

Der Queens Room ist dem Landsitz Osborne House von Queen Victoria nachempfunden. Auf dem mehr als 300 m² großen Parkettboden finden rauschende Bälle und Tanzabende statt.

FAREWELL TO A

Im »Cunardia« ist auch die legendäre Zickzackuhr ausgestellt, die während des Zweiten Weltkriegs benutzt wurde, um deutschen U-Booten zu entgehen (linke Seite).

Die Ladenpassage Royal Arcades ist zwei traditionellen Londoner Einkaufsstraßen nachempfunden. Auf der oberen Ebene kann man wie auf einer Flaniermeile einen Schaufensterbummel unternehmen.

See, Cunardia genannt. Interessierte finden hier erstmals gezeigte Ausstellungsstücke der Cunard-Queens, unter anderem Logbücher und die sogenannte Zickzackuhr, die auf der *Queen Mary* verwendet wurde, um Zufallskurse zu einem bestimmten Ziel auszuwählen und so deutschen U-Booten im Zweiten Weltkrieg zu entkommen. Die von der Agentur Open Agency konzipierte Ausstellung erzählt die Geschichte der *Queen Mary*, der *Queen Elizabeth* und der *Queen Elizabeth 2*. Es gibt insgesamt fünf Erzählpfade, zum Beispiel einen typischen Seetag aus der Sicht eines Passagiers verglichen mit dem eines Crewangehörigen. Als Kurator für das erste Museum auf einem Kreuzfahrtschiff konnte der Commodore im Ruhestand Ronald Warwick gewonnen werden, der jahrzehntelang als Kapitän auf *Queen Elizabeth 2* und *Queen Mary 2* gefahren ist und selbst Geschichte schrieb, als er die *QE 2* sicher durch die Ausläufer des Hurrikans »Luis« steuerte und das Schiff dabei von einer 30 Meter hohen Welle getroffen wurde.

Hinter dem Cunardia liegt mit dem Queens Room der Ballsaal des Schiffes, der dem Landsitz Osborne House von Queen Victoria auf der Isle of Wight nachempfunden ist. Der Saal mit einem mehr als 300 Quadratmeter großen, handgemachten Parkettboden mit Intarsien aus hellem Ahornholz ist zweistöckig und wird von zwei riesigen Kronleuchtern aus Kristallglas dominiert. Im oberen Umlauf, der von Marmorsäulen getragen wird, sind

Hinter den Balkonen der oberen Etage des Queens Room sind Bilder und Gemälde ausgestellt, die während der Kunstauktionen an Bord ersteigert werden können.

zum Saal hin freitragende Balkone mit geschwungenen Handläufen und Blick auf die Tanzfläche angebracht. Wandbilder der Malerin Clarissa Parish zeigen die unterschiedlichen Aussichten von Osborne House; das impressionistische Gemälde von Queen Victoria, ihrem Gatten Albert und zwei ihrer Hunde von Marcus Hodge ist dem Original von Sir Edwin Landseer nachempfunden. Die in achteckiges Bleiglas gefassten Porträts der Königin und ihres Gatten stammen von John Hardman & Company, im Eingangsbereich hängen Titelseiten der im Viktorianischen Zeitalter erschienenen »London Illustrated News« und Schwarz-Weiß-Fotografien von Queen Victoria, ihrem Mann Albert, ihren Kinder und Enkeln. Die bedeutendsten und wohl auch wertvollsten Kunstwerke

Im hinteren Teil des Queens Room sind die drei Originalstiche von Queen Victoria und ihrem Gatten Albert angebracht, welche die Lieblingshunde des königlichen Paares zeigen (oben).

Auf der *Queen Victoria* wird eine alte Tradition der Cunard-Schiffe wieder aufgenommen: der Fechtunterricht. Auch Laien können unter sachkundiger Anleitung während einer Kreuzfahrt erste Schritt- und Stoßkombinationen üben (unten).

auf dem Schiff sind die von der Reederei erworbenen Originalstiche von Queen Victoria und Prinz Albert, die sich dieses Handwerk vom Künstler George Heyn beibringen ließen. Die Kaltnadelradierungen der Lieblingshunde Cairnach, Eos und Islay hingen ursprünglich im Eingangsbereich, sind jetzt aber in einer Nische im hinteren Teil des Queens Room auf der Backbordseite zu finden.

Geht man durch den hinteren Ausgang weiter, so gelangt man zur Royal Arcades genannten Einkaufszone, die wie ein öffentlicher Platz gestaltet ist. Hauptanziehungspunkt der geschwungenen Treppe am Ende der unteren Ebene der zweistöckigen Ladenpassage mit Filialen von Chanel, Fabergé und Harrod's ist die von Dent & Co angefertigte viktorianische Standuhr. Auf einem gusseisernen Standfuß zeigt das weiße Ziffernblatt mit römischen Zahlen aus Opal das Cunard-Wappen. Das traditionsreiche britische Uhrmacherhaus kann sich rühmen, bereits 1854 die Präzisionsinstrumente für den Uhrenturm des englischen Parlamentsgebäudes in London, besser bekannt als Big Ben, und bis 1946 die Uhren für Greenwich (Greenwich Mean Time) gebaut zu haben. Und es gibt auch einen Bezug zur Namenspatronin des Schiffes, der englischen Königin Victoria, denn das Unternehmen wurde 1841 zum könig-

Das Stück »Victoriana« wurde eigens für das Schiff geschrieben und entführt die Zuschauer ins 19. Jahrhundert (oben).

Die berühmten Cunard Bell Boys empfangen die Gäste der Privatlogen und reichen Champagner und Häppchen (unten).

lichen Hoflieferanten ernannt. Die Standuhr, die in einer Nische zwischen den beiden Flügeln der Wandeltreppe steht, schlägt alle Viertelstunde, und zur vollen Stunde erklingt der weltberühmte Westminster Chime, bekannt vom Big Ben. »Was diese Uhr so besonders macht, ist auf den ersten Blick nicht zu erkennen«, erklärt der Geschäftsführer von Dent & Co, Twysden Moore. »Da steckt modernste Technik mit einem hochkomplizierten Uhrwerk drin, denn diese Uhr läuft sowohl vorwärts als auch rückwärts, was auf einem Schiff, das zum Beispiel während einer Reise über den Atlantik fünf verschiedene Zeitzonen überquert, besonders wichtig ist, weil sie sich automatisch verstellen lässt.«

Vorbild für das 830 Zuschauer fassende Royal Court Theatre waren die Häuser des Londoner Westends wie Coliseum, Palladium oder Alhambra.

Die großen Oberlichter sind ein durchgehendes Stilelement auf dem Schiff. Von der Grand Lobby über die Flure, Chart Room Bar und Queens Room bis hin zum Commodore's Club dominieren gewaltige Leuchten die öffentlichen Räume.

Die mehr als 1200 Quadratmeter große Ladenpassage, von der auch das Spielcasino und der Golden Lion Pub abgehen, ist nach dem Vorbild der beiden Londoner Einkaufsmeilen Royal Arcades und Burlington Arcades gestaltet. Das große Oberlicht und die wie historische Gaslampen gestalteten Lichter sorgen für großzügige Beleuchtung, an den Wänden sind auf der unteren Ebene Ansichten des historischen und des modernen Londons zu sehen, den Umlauf der oberen Ebene auf Deck 3 kann man wie eine Flaniermeile zum ausgiebigen Schaufensterbummel nutzen. Im unteren Teil befindet sich der Eingang zum Golden Lion Pub, der mehr noch als die beiden gleichnamigen Pubs auf der *Queen Elizabeth 2* und der *Queen Mary 2* einem traditionellen britischen Public House ähnelt. Dies liegt zum einen an der Decke mit Messingfliesen zwischen mächtigen Balken, zum anderen an den Bleiglasfenstern und der Inneneinrichtung mit viel dunklem Holz, polierten Messingstangen an der Bar und schweren grünen Lederstühlen bzw. -sesseln und -sofas. An die traditionelle Tafel, auf die mit Kreide die Tagesgerichte und Getränkepreise geschrieben werden, hat man ebenso gedacht wie an den Kamin, der allerdings mit

Gas betrieben wird. Auf allen 116 Sitzplätzen hat man eine gute Sicht auf moderne Plasmafernseher, auf denen Sportereignisse übertragen werden.

Hinter den Royal Arcades befindet sich das vordere Treppenhaus mit dem Eingang zum Royal Court Theatre. Das dreistöckige Halbrund besteht aus Parkett und zwei Rängen und ist ein Tribut an den legendären Opernhausdesigner Frank Matcham, der mehr als 80 Theater baute. Für den Schiffsarchitekten Giacomo Erasmo Mortola war die Gestaltung des Theaters die größte Herausforderung beim Design der *Queen Victoria*, er orientierte sich an Elementen der Londoner Theater Coliseum, Palladium, Victoria Palace und Alhambra. Die roten Samtsessel, in die man tief einsinken kann, die verwendeten schweren Stoffe neben den Wandbildern von Kevin Sazackerely und die erstmals auf einem Schiff gebauten Privatlogen geben ein Gefühl von Exklusivität bei gleichzeitiger Gemütlichkeit. Das Ambiente gleicht denen der Theater des Londoner West End-Viertels im 19. Jahrhundert.

830 Plätze bietet das Royal Court Theatre, davon 16 Balkonlogen für jeweils zwei Personen. Für 50 Dollar pro Paar pro Show wird man vom Essen zu den Privatlogen geführt und bekommt vom persönlichen Ober in weißen Handschuhen Champagner und kulinarische Häppchen gereicht. Nach der Vorstellung darf man mit

Da die *Queen Victoria* mehr als Kreuzfahrtschiff denn als klassischer Liner ausgelegt ist, sind die Kabinen großzügig bemessen. Mehr als 70 Prozent verfügen über einen Balkon.

Der Pool mittschiffs hinter dem Wintergarten auf Deck 9. Hier ist man besser vor Wind geschützt als auf dem Sonnendeck am Heck.

diesem Arrangement hinter der Bühne die Schauspieler besuchen und bekommt so einen Einblick in Garderobe und Technik. In Zusammenarbeit mit Belinda King Productions zeigen zwölf Schauspieler und vier Sänger im Royal Court Theatre zunächst fünf verschiedene Shows: »Celtic Hartbeat« erzählt die Geschichte eines jungen Iren auf der Suche nach dem großen Reichtum in der Neuen Welt, »Victoriana« nimmt das Publikum mit auf eine Zeitreise in die viktorianische Ära mit prachtvollen Kostümen und der Musik, Literatur und den gesellschaftlichen Gepflogenheiten des 19. Jahrhunderts. In »Stroke of Genius« (wohl am besten übersetzt mit »Von der Muse geküsst«) bringen Tänzer, Sänger und Schauspieler mit einer innovativen Choreografie berühmte Gemälde weltbekannter Künstler zum Leben. Zwei Tanzaufführungen, »Dance Passion« und »Brazil«, runden das Programm ab.

Auf Deck 3 konnte wegen der vielen mehrstöckigen Gesellschaftsräume und der oberen Ebene des Britannia Restaurants nicht viel mehr untergebracht werden. Hier ist vor allem die Cunardia Gallery erwähnenswert, in der Kunstwerke mit Motiven der Cunard-Schiffe aufgehängt sind. Dort gibt es auch Schautafeln, Modelle, Fotos und interaktive Terminals mit Filmen zu den Cunard-Queens. Neben der obersten Ebene der Grand Lobby ist die Midships Lounge angesiedelt, wo vier Art déco-Druckwerke von Beresford Egan aus dem Jahre 1929 aufgehängt sind.

Der klassische Pool auf dem Sonnendeck. Von hier aus kann man beim Sonnenbaden entspannt die Weite des Ozeans genießen.

Botschafter des guten Geschmacks: Jean-Marie Zimmermann

Der quirlige Elsässer sieht so aus, wie man sich einen Bilderbuchkoch vorstellt, doch das gemütliche Bäuchlein täuscht. Wer Jean-Marie an seinem Arbeitsplatz erlebt, weiß, dass ihm selten etwas entgeht. Schnell huschen die Augen über die zahlreichen Theken der Hauptküche, der Meister liebt den Hochbetrieb während Mittag- und Abendessen, wenn bis zu 1300 Gäste nicht nur verpflegt, sondern verwöhnt werden möchten. Dann hilft er seinen Köchen beim Garnieren der Teller, gibt kurze Tipps, achtet darauf, dass alle Speisen so herausgehen, wie er es vorgegeben hat, und stellt sich auch schon mal selbst an einen der zahlreichen Herde.

Der 1956 in Straßburg geborene Elsässer entdeckte seine Liebe zum Kochen bereits sehr früh. Unter den aufmerksamen Augen seiner Großmutter lernte er die Grundzüge der Zubereitung regionaler Spezialitäten und ging mit 14 Jahren in einem renommierten Restaurant in seinem Geburtsort in die Lehre. Im Laufe seiner Karriere durchwanderte er die Küchen von mehreren französischen Sterne-Köchen in Cannes, Juan Les Pins, Monte Carlo sowie London, machte seinen Meister und nahm von jeder Station wertvolle Anregungen mit. In der Umgebung der britischen Hauptstadt, in der er fast zwei Jahrzehnte verbracht hat, eröffnete er sein erstes eigenes Restaurant (»The Warrener«) und erkochte sich einen Michelin-Stern. Mit der französischen Nationalmannschaft gewann er bei der Kocholympiade in Frankfurt mehrere Goldmedaillen, bevor er ein Feinschmeckerrestaurant im Elsass eröffnete, welches bereits im Eröffnungsjahr sowohl Michelin- als auch Egon Ronay-Sterne (britische Feinschmeckerbibel) und einen Eintrag in Michelins rotem Führer erhielt.

Fünf Jahre machte sich Zimmermann einen Namen in der Heimat, bis 1998 von Drei-Sterne-Koch Michel Roux, der als Berater für Celebrity Cruises arbeitete, das Angebot kam, als oberster Küchenmeister für die gesamte Flotte zu fungieren. Neue Herausforderungen hat der Kochkünstler Zeit seines Lebens geliebt, und so nahm er das Angebot an, obwohl er nie zuvor zur See gefahren war.

Kurz vor der Jungfernfahrt der *Queen Mary 2* wechselte Zimmermann, der gut Deutsch spricht, zu Cunard Line. Die Reederei ernannte ihn im Dezember 2007 zum kulina-

rischen Botschafter, und er ist dafür verantwortlich, dass auf allen drei Queens die hohen Standards eingehalten werden. Zimmermann kreiert die Menüs acht bis zehn Wochen im Voraus, damit die benötigten Zutaten bestellt und geliefert werden können. Dabei achtet er darauf, dass sich auch Spezialitäten der jeweiligen Fahrtgebiete auf den Tellern befinden. Selbst regionale und lokale Gewürze und Zutaten werden dabei verwendet. Allerdings geht der Meisterkoch bei Landgängen nicht auf Einkaufstour. Der Besuch der lokalen Märkte ist sein Hobby und dient ihm als Anregung. Die Liefermengen, welche für die Verköstigung von bis zu 2600 Passagieren benötigt werden, kann kein Markthändler liefern. Die meisten Produkte werden von festen Vertragshändlern bezogen, auf Weltreisen in Containern schockgefroren und auch in entfernteste Destinationen geflogen. Nur selten wird auf Reisen nachgekauft und auch dann nur von überprüften Lieferanten, deren Qualität der Hafenagent nach strengen Vorgaben kontrolliert.

Durch die Erfassung der Vorräte per Computer kann Jean-Marie Zimmermann aber auch sofort reagieren und den Speiseplan umstellen, wenn es nötig sein sollte. Seine größte Sorge ist trotzdem, dass mitten auf dem Atlantik die Vorräte ausgehen und ein Menü nicht mehr angeboten werden kann. Passiert ist ihm das bislang ein einziges Mal – ausgerechnet auf der Jungfernreise der *Queen Mary 2*. Wer hätte auch damit rechnen können, dass sich nahezu alle Passagiere beim Abendessen von insgesamt zehn Hauptgerichten für Truthahnbraten entscheiden würden? Dabei hatte er mit knapp 1800 Portionen bei 2600 Passagieren doch schon großzügig gerechnet, und sowohl der an diesem Abend angebotene Hummer als auch das Entrecote waren wirklich vorzüglich. Das beruhigte dann auch die Passagiere, die keinen Truthahn mehr bekommen konnten.

Acht Monate im Jahr verbringt Zimmermann auf einem der Cunard-Schiffe, zusammen mit seiner Frau, die im Zahlmeisterbüro arbeitet. Trotzdem ist die gemeinsame Zeit sehr begrenzt: »Drei Mal am Tag trinken wir für zehn Minuten einen Kaffee zusammen, ansonsten sehen wir uns nach 22 Uhr, wenn ich sicher bin, dass die Gäste beim Dinner hervorragende Qualität genießen konnten und alles gut gelaufen ist.«

Seinen Urlaub verbringt der leidenschaftliche Genießer zu Hause in der Nähe von Bordeaux. Der perfekte Tag beginnt für Jean-Marie Zimmermann mit der Suche nach lokalen Zutaten auf kleinen Märkten, auf Biohöfen oder bei Fischern mit frischem Fang, führt über die neue Kreation eines leichten und gesunden Menüs mit mehreren Gängen, das er gern an Platte und Herd geradezu zelebriert, und endet beim gemeinsamen Mahl mit der Familie.

Der Spa- und Beauty-Bereich bietet neben Anwendungen und einer großen Fitnesszone auch einen Friseursalon.

Außerdem stehen dort zwei Bronzeskulpturen von Erté. Gegenüber befinden sich die Spielzimmer für Kinder mit altersgerechter Unterhaltung für unterschiedliche Jahrgangsstufen. Außerdem sind ein weiterer ConeXXions-Konferenzraum und die Galerie des Bordfotografen auf dieser Ebene untergebracht.

Die Decks 4 bis 8 sind ausschließlich Passagierkabinen vorbehalten, für die Ausstattung war Theresa Anderson verantwortlich. Die *Queen Victoria* verfügt über 1007 Kabinen in acht unterschiedlichen Kategorien, 20 Kabinen sind behindertengerecht ausgestattet. Es gibt lediglich 133 Innenkabinen, insgesamt 735 verfügen über einen Balkon oder eine Sonnenterrasse. Die Innenkabinen sind 14 bis 23 Quadratmeter groß, die 139 Außenkabinen ohne Balkon reichen von 17 bis 19 Quadratmeter, die Balkonkabinen beginnen bei einer Größe von 22 Quadratmetern und sind bis zu 44 Quadratmeter groß. Diese Kategorien speisen im Britannia Restaurant. Für die Gäste der 61 Princess Suiten mit 31 bis 48 Quadratmetern ist ein Conciergeservice eingerichtet. Wohn- und Schlafbereich sind getrennt, das Bad ist mit einer Badewanne ausgestattet. Die Gäste speisen im Princess Grill, der Queens Grill ist für die Kategorien darüber reserviert. Dies sind zunächst die 35 Queens-Suiten mit einer Größe von 47 bis 72 Quadratmetern, die neben dem Conciergeservice auch rund um die Uhr bei Bedarf auf einen eigenen Butler zurückgreifen können. Neben einem großen Badezimmer sind

Die Grill Lounge ist Passagieren aus Suiten und Penthäusern vorbehalten. Für diese Gäste gibt es auch einen separaten, zweistöckigen Decksbereich mit Liegestühlen.

diese Suiten mit einem eigenen Wohnbereich, einem großen Balkon sowie einer Bar mit Spirituosen, Weinen und alkoholfreien Getränken ausgestattet. Frische Blumenarrangements und Cocktailhäppchen am Abend werden ebenso kostenlos arrangiert.

Die 25 Penthäuser sind zwischen 48 und 66 Quadratmeter groß und zusätzlich mit exquisiten Marmorbädern versehen. Die beiden Mastersuiten, nach den Cunard-Schiffen *Caronia* und *Carpathia* benannt, liegen mittschiffs auf Deck 7 und sind 102 Quadratmeter groß. Der geräumige Balkon, der etwa viermal so lang ist wie der einer Außenkabine, kann sowohl vom Schlaf- als auch vom Wohnbereich aus betreten werden und bietet neben Liegestühlen einen Essbereich für ein privates Dinner mit Freunden.

Die höchste Kategorie stellen die vier Grand Suiten dar, die zwischen 178 und 198 Quadratmeter groß sind. Auch diese Suiten sind nach Cunard-Schiffen benannt, Laconia- und Mauretania-Suite liegen am Heck von Deck 6 und haben einen umlaufenden Balkon von der Mitte des Heckbereichs bis zur Seite des Schiffes. Hier gibt es nicht nur einen privaten Essbereich, sondern auch noch eine Open Air-Bar. Die Suite hat einen großzügigen Eingangsbereich, ein Esszimmer für bis zu sechs Personen, einen Arbeitsbereich mit Büro, Schlafzimmer mit begehbarem Kleiderschrank und Blick durch Panoramafenster auf

Der Commodore's Club ist ideal, um einen geschützten Blick auf den Horizont in Fahrtrichtung zu werfen. Von hier aus hat man den gleichen Ausblick wie von der Brücke.

die See sowie ein geräumiges Wohnzimmer mit großem Flachbildschirm. Direkt darüber liegen ein Deck höher die Aquitania- und die Berengaria-Suite.

Auf Deck 9 befinden sich die ersten Sonnendecks, insgesamt gibt es auf der *Queen Victoria* mehr als 3400 Quadratmeter Platz zum Bräunen. Dies ist auch die erste Ebene, auf der man einmal um die Aufbauten gehen kann. Als Erstes fällt langjährigen Cunard-Gästen der Bodenbelag auf. Anstatt der gewohnten durchgängigen Teakdecks wie auf *Queen Elizabeth 2* und *Queen Mary 2* sind die Außendecks auf der *Queen Victoria* mit einem pflegeleichten Gummibelag ausgestattet, auf dem das für Holzdecks typische Linienmuster aufgedruckt ist. Grund für diesen für Cunard Line ungewöhnlichen Belag sind die ab 2010 geltenden internationalen Feuerverhütungsvorschriften auf See, die nur noch einen bestimmten Prozentsatz an Echtholz auf Schiffen erlauben. Und dieses Kontingent war durch die luxuriöse Gestaltung der Innenräume bereits verbraucht.

Mittschiffs ist das 24 Stunden geöffnete Büffetrestaurant Lido mit 468 Plätzen zu finden. Hier reicht von morgens bis abends zu allen Mahlzeiten im Gegensatz zu den der

Mit dem Courtyard wurde erstmals ein eigenes Restaurant exklusiv für Queens- und Princess Grill-Gäste unter freiem Himmel geschaffen.

Kabinenkategorie zugeordneten Restaurants legere Kleidung aus, morgens und mittags ist freie Sitzplatzwahl. Dies ändert sich abends, wenn aus dem Lido ein Spezialitätenrestaurant wird, das sich je nach Fahrtroute an den Rezepten der bereisten Ländern orientiert und landestypische Spezialitäten anbietet. Darüber hinaus gibt es Themenabende, die von Schweizer Hüttennächten mit Käsefondue über indische Currys und Naan-Brot bis hin zu einer kulinarischen Reise durch die Anden mit südamerikanischen Spezialitäten reichen.

An das Lido schließt direkt das Winter Garden Café an, ganz im Kolonialstil mit Rattan- und Korbmöbeln sowie Holzventilatoren, vielen Grünpflanzen und einem plätschernden Springbrunnen. Bemerkenswert ist das große Glasschiebedach, das bei schönem Wetter geöffnet wird. Hier findet der traditionelle Afternoon Tea mit Sandwiches, Scones mit Clotted Cream und diversen Kuchen- und Törtchenleckereien statt, an der Saftbar werden Mixturen und reine Säfte aus exotischen Früchten angeboten. Direkt an den Pavillon Pool gleich nebenan sind ebenso zwei Whirlpools angebaut wie an den Lido Pool auf demselben Deck am Heck, wo sich auch der Lido Grill befindet, eine Hamburger-Bar, an der man draußen an Deck essen kann. Der Pavillon Pool hat wie das Winter Garden Café ein Glasschiebedach und kann so bei schlechtem Wetter als Hallenschwimmbad genutzt werden.

Besonders großen Wert hat Cunard Line auf die Gestaltung des Spa- und Fitnessbereichs gelegt, den John Picken von Stephenjohn Design aus London gestaltet hat. Der Cunard Health and Spa Club wird von der Onboard SPA Company betrieben, einem Expertenteam von Hardings und Multitrax Maritime, und bietet auf mehr als 3800 Quadratmetern Fläche einen großen Innenpool mit Hydrodüsen, elf Behandlungsräume und eine weitläufige Saunalandschaft. Die angebotenen Behandlungen sind von ostasiatischen, arabischen, orientalischen Einflüssen sowie dem Ayurvedaprinzip geprägt, eine Spezialität sind die indischen Massagen mit Kräutern und Ölen, eine andere Akupunkturbehandlungen. Dieser Bereich ist teilweise auf zwei Ebenen angelegt, so befindet sich das Rasulbad eine Etage höher auf Deck 10. Die Thermal-Suiten genannte Zone im unteren Bereich bietet mehrere Saunen und Dampfbäder, der große Fitnessbereich am Heck modernste Geräte und Meerblick aus übermannshohen Fenstern. Für Kurse wurde ein eigener Raum geschaffen, in dem Aerobic und Stretching oder Thai-Yoga sowie Meditationsprogramme stattfinden. Außergewöhnlich sind die Fechtkurse, die hier oder im Queens Room abgehalten werden. Fechten war der Lieblingssport des Ehemannes von Queen Victoria, König Albert. Für Unterrichtsstunden und Ausrüstung konnte die britische Fechtschmiede Leon Paul verpflichtet werden. Leon Paul bereitete britische Nationalmannschaften auf mehr als 20 Olympische Spiele und 30 Weltmeisterschaften vor. Die Passagiere können die Grundlagen des Fechtens erlernen oder bei entsprechenden Vorkenntnissen Stunden für Fortgeschrittene nehmen. Bis zu zehn Schüler auf einmal werden unterrichtet.

Auf Deck 10 fällt das Dreiviertelrund des Hemispheres mit seinen halbrunden, mannshohen Fenstern, die einen 270 Grad weiten Rundblick über das Deck und die See bieten, sofort ins Auge. Der mit Mosaikeinla-

Das Princess Grill-Restaurant auf Deck 11 ist für bis zu 122 Gäste ausgelegt. Über eine Lobby ist es mit der Grill Lounge verbunden, wo sich bei Bedarf ein Concierge um die Suitengäste kümmert.

gen, einem Kronleuchter und einer Bar gestaltete Raum wird tagsüber für Vorträge, Seminare und Kurse genutzt, abends verwandelt sich das Hemispheres in einen mondänen Nachtclub mit Musik, der bis in die frühen Morgenstunden geöffnet ist. Geht man weiter Richtung Bug, so gelangt man zur Churchill-Zigarrenlounge, die holzgetäfelt ist und elf Gästen in schweren Sesseln Platz bietet. Neben exquisiter Rauchware in reichhaltiger Auswahl werden hier Spezialitäten wie Jahrgangsflaschen Armagnac, Cognac, Portwein, Madeira und schottischer Whisky angeboten. Die nebenan gelegene Admiral's Lounge kann für private Feiern reserviert werden und wird für Kurse, Vorträge oder Gesellschafts- und Kartenspiele sowie für Bridgeturniere genutzt.

Direkt über der Brücke befindet sich der Commodore's Club, aus dessen Panoramafenstern man die gleiche Aussicht genießt wie die wachhabenden Offiziere ein Deck darunter. Für den besseren Weitblick ist sogar ein Teleskop aufgestellt worden, mit dem man den Horizont erweitern kann. Anders als auf der *Queen Mary 2*, wo das Ambiente eher einer gestylten Cocktailbar gleicht, kommt auf der *Queen Victoria* das Gefühl auf, in einem altehrwürdigen Londoner Club zu sitzen, wobei – im Gegensatz zu diesen – Frauen auf dem Schiff selbstverständlich Zutritt haben. Gut gepolsterte Ledersofas, Sessel mit hohen Armlehnen, Tische für Kartenspiele, Beistelltischchen mit Leselampen und die Verwendung von viel Messing und Mahagoni bei Geländern, die als Raumteiler dienen, tragen zum Clubambiente bei. Der Boden der Eingangsbereiche auf beiden Seiten ist mit einem in das Holz eingelassenen Kompass verziert, in Glasvitrinen stehen zwei Schiffsmodelle, die *Queen Elizabeth 2* und die *Cunard Countess*. Den maritimen Eindruck in dem 122 Sitze bietenden Commodore's Club sollen die Wandbilder von Robert Lloyd verstärken, die in Bullaugenoptik historische und moderne Cunard-Schiffe darstellen.

Ebenfalls auf Deck 10 befindet sich beim mittleren Treppenhaus die von SMC Design entworfene Spielzone für Kinder mit zwei Innen- und Außenspielplätzen. In den beiden voneinander getrennten Zonen an Backbord und Steuerbord können Kinder verschiedener Altersgruppen nach Herzenslust toben und Lärm machen, ohne Passagiere zu stören, die sich in Ruhe sonnen möchten. Wer dagegen an Deck Sport treiben will, geht eine Ebene höher in Richtung Bug, dort befindet sich ein großer Außenbereich mit Basketballplatz.

Das Areal mittschiffs auf Deck 11 ist für die Gäste der oberen Kategorien reserviert, hier befinden sich die bei-

den Restaurants Princess Grill mit 122 Sitzplätzen und der Queens Grill, der für 132 Gäste ausgelegt ist. An die beiden Restaurants schließt sich die Grill Lounge an, in der sich der Conciergeservice für die Suitenpassagiere befindet und in der der Afternoon Tea, Snacks und Cocktails serviert werden. Während auf der *Queen Elizabeth 2* und der *Queen Mary 2* die Grill Lounge ausschließlich für Passagiere der Queens Grill-Suiten reserviert ist, haben auf der *Queen Victoria* auch die Gäste der Princess Grill-Suiten Zugang zu diesem Bereich. Daran schließt sich die Grills Terrace an, ein exklusives Sonnendeck, das über eine Treppe mit der Upper Grills Terrace, dem Sonnenbereich auf Deck 12, verbunden ist.

Das eigentliche Highlight befindet sich aber zwischen den beiden Restaurants und ist ein Novum auf Cunard-Schiffen: Mit dem Courtyard wurde erstmals ein eigenes Restaurant exklusiv für Queens- und Princess Grill-Gäste unter freiem Himmel geschaffen. Der lauschige Innenhof mit Springbrunnen und Grünpflanzen bietet 40 Gästen Platz – an warmen Abenden hat dieses Restaurant tausend Sterne.

ABSCHIED AUS VENEDIG

Zur Übergabezeremonie des Schiffes von der Werft an die Reederei am 24. November 2007 in Venedig-Marghera erschien auch der italienische Ministerpräsident Romano Prodi. Der Regierungschef wies in Anwesenheit des stellvertretenden britischen Verkehrsministers Jim Fitzpatrick darauf hin, dass »schwimmende Paläste wie die *Queen Victoria* ein weltweites Symbol für die gesamte italienische Industrie« seien. Cunard-Präsidentin Carol Marlow nahm den Faden auf und merkte an, dass die *Queen Victoria* das erste Schiff in der langen Geschichte der Reederei sei, das in Italien gebaut wurde: »Aber wenn ich sehe, wie elegant und prächtig dieses Schiff innen aussieht, dann frage ich mich, warum wir nicht schon eher Aufträge nach Italien vergeben haben. Dieses Schiff hat die geschmackvollste Inneneinrichtung, die ich je auf einem Kreuzfahrer gesehen habe. Und das, obwohl die Innenarbeiten an der *Queen Victoria* seit dem Aufschwimmen in nicht einmal elf Monaten abgeschlossen wurden. Dieses Schiff lässt die Vergangenheit wieder lebendig werden und bietet gleichzeitig modernste Technik und Einrichtungen.« Nach den Ansprachen wurde in einer feierlichen Zeremonie die italienische Flagge an Bord der *Queen Victoria* eingeholt und die rote Flagge der Reederei gehisst. Untermalt wurde die Übergabe vom Musikkorps der schottischen Garde.

Italiens Ministerpräsident Prodi ließ sich bei der Übergabe der *Queen Victoria* von Kapitän Paul Wright über das Schiff führen.

Sechs Tage später verließ die *Queen Victoria*, das bis dahin zweitgrößte Schiff, das jemals für Cunard Line gebaut wurde, Venedig und nahm Kurs auf den Heimathafen Southampton, wo sie am 6. Dezember um 9.30 Uhr am City Cruise Terminal ankam und von Tausenden Schaulustigen empfangen wurde. Die nächsten vier Tage bis zu den offiziellen Tauffeierlichkeiten wurden genutzt, um die Besatzung weiter zu schulen, das Schiff auf Hochglanz zu bringen und Führungen für Reiseveranstalter- und Reisebüromanager aus aller Welt durchzuführen.

Das Royal Court Theatre bot den festlichen Rahmen für die Übergabe des Schiffes von der Werft an die Reederei (oben).

Zum ersten Mal auf dem Weg in den Heimathafen: Die *Queen Victoria* wird kurz vor Southampton von einem Bootskorso empfangen (unten).

Die gute Fee spricht Deutsch

Die erste Begegnung mit der deutschen Hostess haben die deutschsprachigen Gäste auf den Queens bereits am ersten Nachmittag. Kurz nachdem man sich das erste Mal orientiert und die eigene Kabine inspiziert hat, steht noch vor dem Ablegen die obligatorische Seenotrettungsübung an. Dabei übersetzt die Hostess die Sicherheitsansage des Kapitäns oder Sicherheitsoffiziers und demonstriert das korrekte Anlegen der Schwimmweste. Am nächsten Morgen findet dann der Willkommensempfang für deutschsprachige Gäste statt, bei dem die Hostess einen Überblick über das Schiff und das Bordleben gibt, Highlights der jeweiligen Kreuzfahrt vorstellt und erste Fragen beantwortet.

Die internationalen Hostessen – neben der Ansprechpartnerin für Deutsche, Österreicher und Schweizer gibt es noch ein französisch- und ein spanischsprachiges Pendant an Bord – sind ein Service der Reederei, denn nicht jeder Gast ist der englischen Bordsprache vollkommen mächtig. Alle wichtigen Durchsagen über die Bordlautsprecher und die Ansprache beim Kapitänsempfang werden übersetzt. Auf *Queen Mary 2* und *Queen Victoria* versieht derzeit Bettina Bauknecht diesen Job. Die hübsche Freiburgerin hat nach dem Abitur zunächst in ihrer Heimatstadt, dann im englischen Newcastle sechs Jahre lang das Fach »Internationaler Tourismus« studiert und kam dann auf das Flaggschiff von Cunard. Sie spricht vier Sprachen, neben Deutsch und Englisch auch Spanisch und Französisch, sodass sie notfalls auch für eine ihrer Kolleginnen einspringen kann.

In der täglichen Sprechstunde versucht die Hostess, bei Problemen, Sorgen oder Nöten zu vermitteln und zu helfen, oftmals fungiert sie dabei auch als Kummerkasten. Die Palette reicht von der Dame, welche die daheimgebliebene Katze vermisst, über die vergessene Zahnbürste, Fragen zur Bedienung des interaktiven Fernsehers in der Kabine bis hin zum verlorenen Ehering. Geduldig beantwortet Betty, wie sie von jedem genannt wird, die zahlreichen Fragen – der Job erfordert viel Geduld, Einfühlungsvermögen und Fingerspitzengefühl.

Nach der Sprechstunde eilt die Hostess in das Büro, das sie sich mit fünf Kolleginnen aus dem Unterhaltungsdepartment teilt. Am Computer übersetzt sie dann das Programm des folgenden Tages, welches den Gästen abends auf die Kabine gelegt wird, sowie Speisekarten und Ausflugsprogramme. Immer wieder muss Betty diese Arbeit unterbrechen, denn der Kreuzfahrtdirektor teilt sie auch für Gästeaktivitäten wie Führungen über das Schiff, Quiz, Bingo oder andere Segmente aus dem umfangreichen Unterhaltungsprogramm ein. Nach jedem Einsatz geht es zurück an den Schreibtisch, damit die Übersetzungen rechtzeitig bei der schiffseigenen Druckerei ankommen.

Willkommene Abwechslung ist die tägliche traditionelle englische Teezeremonie, bei der die Hostess am späten

Nachmittag mit Passagieren plaudert. Nach dem Abendessen ist bei Bällen und Tanzveranstaltungen im Queens Room feine Garderobe und Erfahrung auf dem Tanzparkett angesagt. Danach, Mitternacht ist meist vorbei, unterhält sich Betty oftmals an einer der Bars noch mit Gästen, die jemanden zum Zuhören brauchen, und fällt erst spät nachts ins Bett. Zwar sind ihre Arbeitstage bei einer Sieben-Tage-Woche prall gefüllt, aber es gibt einen Termin, um den die charmante Hostess viele Passagiere beneiden: Jeden Mittag um Punkt 12 Uhr hat sie auf der Brücke eine feste Verabredung mit dem Kapitän. Dann übersetzt sie seine tägliche Ansage zu Witterungsverhältnissen, aktuellen Schiffskoordinaten und der zurückgelegten Wegstrecke.

DER CUNARD-LÖWE BRÜLLT WIEDER

Zur Taufe der *Queen Victoria* am 10. Dezember 2007 erschien Camilla Roseary Mountbatten-Windsor, Herzogin von Cornwall und Rothesay, begleitet von ihrem Ehemann, dem britischen Thronfolger Prinz Charles, kurz nach ein Uhr nachmittags. Das königliche Paar wurde von Kapitän Paul Wright auf die Brücke geführt. Die Herzogin schien besonders große Freude daran zu haben, den Knopf für das Schiffshorn zu drücken, mehrmals brummte der Bass durch den Stadthafen. Nach einer kurzen Schiffsbesichtigung nahm das Thronfolgerpaar ein spätes Mittagessen ein. Im eigens aufgebauten Zelt am Kai trafen unterdessen rund 2000 geladene Gäste ein, viel Prominenz aus der britischen Politik, Wirtschaft und Showgeschäft sowie Vorstände der namhaftesten Reedereien, Tourismusmanager und Medien aus aller Welt. In das Zelt waren drei Ebenen mit Zuschauerrängen sowie eine Theaterbühne mit Orchestergraben und rotem Samtvorhang eingebaut. Hinter dem Theater war ein weiterer großer Vorhang angebracht, der ein riesiges Panoramafenster verbarg.

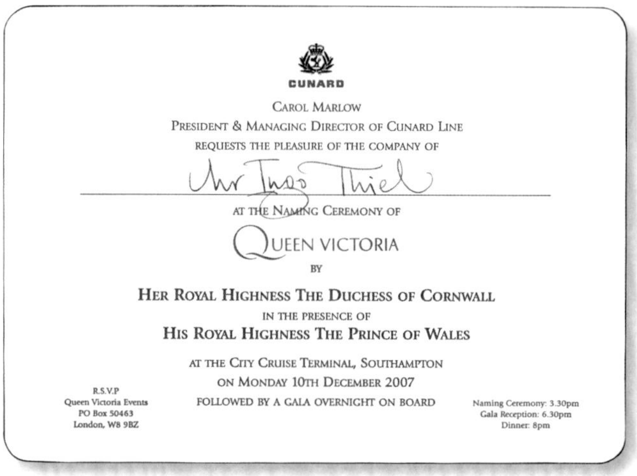
CUNARD

CAROL MARLOW
PRESIDENT & MANAGING DIRECTOR OF CUNARD LINE
REQUESTS THE PLEASURE OF THE COMPANY OF
Mr Ingo Thiel
AT THE NAMING CEREMONY OF
QUEEN VICTORIA
BY
HER ROYAL HIGHNESS THE DUCHESS OF CORNWALL
IN THE PRESENCE OF
HIS ROYAL HIGHNESS THE PRINCE OF WALES
AT THE CITY CRUISE TERMINAL, SOUTHAMPTON
ON MONDAY 10TH DECEMBER 2007
FOLLOWED BY A GALA OVERNIGHT ON BOARD

R.S.V.P
Queen Victoria Events
PO Box 50463
London, W8 9BZ

Naming Ceremony: 3.30pm
Gala Reception: 6.30pm
Dinner: 8pm

Dann begann die Zeremonie, die bei vielen Zuschauern mehrfach ein Gänsehautgefühl hervorrief. Nach dem Vorspiel des London Philharmonic Orchestra unter Dirigent Anthony Inglis schmetterten 30 Trompeter des Musikkorps der Königlichen Garde die Cunard-Fanfare. Danach erhob sich das Publikum und sang die englische Nationalhymne, denn der englische Thronfolger Charles war mit seiner Frau, der Taufpatin Camilla, eingetroffen und wurde in die königliche Loge geführt. Die Präsidentin von Cunard, Carol Marlow, begrüßte die Königlichen Hoheiten und sagte in ihrer Rede, Cunard Line sei stolz darauf, mit der *Queen Victoria* eine lange Tradition fortsetzen zu können: »In den vergangenen Jahrzehnten hat man Cunard Line mehrfach totgesagt. Die Reederei werde mit einer alternden *QE 2* im immer härter werdenden Wettbewerb große Schwierigkeiten bekommen. Ein solches Comeback hat uns niemand zugetraut, erst die *Queen Mary 2* und jetzt die *Queen Victoria*. Der heutige Tag ist der endgültige Beweis: Der Cunard-Löwe brüllt wieder.«

Nach Marlows Rede schlüpfte der englische Shakespeare-Darsteller Sir Derek Jacobi in die Rolle des Weltreisenden Phileas Fogg (»In 80 Tagen um die Welt«, Jules Verne) und führte mit eingespielten Filmsequenzen imaginärer Gesprächspartner durch die 168-jährige Geschichte der Reederei. Der Beifall für die erstklassige Theatervorstellung hatte sich noch nicht gelegt, da betrat Sopranistin Katherine Jenkins in einem feuerroten Kleid die Bühne und trug den »Zigeunertanz« aus der Oper »Carmen« von Georges Bizet vor. Danach wurde

Rund 2000 Gäste aus aller Welt hatten die Ehre, eine Einladung zur Taufe zu erhalten (linke Seite).

Nach den offiziellen Tauffeierlichkeiten wurde zu einem Galadinner an Bord geladen (oben).

es dunkel im Zeremoniezelt. In einer Prozession stiegen die Knabenchöre der Kathedrale von Winchester die langen Treppenaufgänge hinab, jeder der etwa 80 Jungen hielt eine brennende Altarkerze in der Hand. Auf der Bühne angekommen und in Formation aufgestellt, intonierten die jungen Sänger »In Paradisum« des französischen Komponisten Gabriel Fauré. In schwerem Ornat betrat der Bischof von Winchester, Right Reverend Michael Scott-Joynt, die Bühne und erteilte dem Schiff seinen Segen.

Jetzt war der große Augenblick gekommen: Der erste Kapitän der *Queen Victoria*, Paul Wright, holte die Taufpatin aus ihrer königlichen Loge ab und führte sie auf das Podium, gefolgt von Prinz Charles, Cunard-Präsidentin Carol Marlow und Carnival-Besitzer Mickey Arison. Die Herzogin trat ans Rednerpult und sagte mit leiser Stimme den Satz: »Ich taufe dich auf den Namen *Queen Victoria.*« Dann drückte sie auf den Auslöser, der einen Mechanismus in Gang setzen und eine Magnumflasche Champagner am Bug zerplatzen lassen sollte. Doch die Flasche setzte sich nur zögerlich in Bewegung, prallte nahezu elastisch von der Bordwand ab und blieb

Die Taufpatin Camilla Roseary Mountbatten-Windsor, Gemahlin des Thronfolgers Prinz Charles, war nach dem geglückten zweiten Anlauf sichtlich erleichtert (oben).

Drei Tenöre stimmten gemeinsam mit den Gästen »Rule Britannia« an (unten).

heil. Gespannte Stille im Zelt auf der Pier, die Miene von Kapitän Paul Wright sprach Bände, die Flasche baumelte vor dem Bug der *Queen Victoria* träge vor sich hin, und die unglückliche Taufpatin stand auf der Bühne und wartete.

Dass Sekunden später ein Besatzungsmitglied mit einer zweiten Magnumflasche Veuve Cliquot an Deck erschien und diese an der Bordwand zerschmetterte, wurde von den meisten Teilnehmern gar nicht wahrgenommen. Denn schnell setzte Konfettiregen ein, Feuerwerk sprühte, das Horn der *Queen Victoria* brummte tief und laut, das Publikum schwenkte enthusiastisch

Der Bischof von Winchester, Michael Scott-Joynt, segnete das Schiff.

zweitausend zuvor verteilte Union Jack-Fahnen, und die Londoner Philharmoniker intonierten »I saw three ships«, gefolgt von den drei Tenören Alfie Boe, Jon Christos und Gardar Thór Cortes mit »Nessun Dorma« aus Puccinis Oper »Turandot«. Das Publikum stimmte begeistert und lautstark ein, als danach »Rule Britannia« angestimmt wurde; jeder Tenor sang eine der drei Strophen und wurde beim Refrain von den Knabenchören und den Zuschauern unterstützt. Bei diesen Klängen erhob sich das britische Thronfolgerpaar und verließ die Zeremonie, bevor die Taufe der *Queen Victoria* mit dem weihnachtlichen Lied »O come, all ye faithful« im großen gemischten Chor aus Künstlern und Gästen ihr Ende nahm. Nach den Tauffeierlichkeiten fand an Bord ein Galadinner für einen ausgewählten Teil der Zuschauer statt, das sich bis in die frühen Morgenstunden hinzog.

Einen Tag später brach die *Queen Victoria*, verabschiedet von einigen Tausend Schaulustigen und Dutzenden Booten, nach einem Feuerwerk gegen 17 Uhr zu ihrer zehntägigen Jungfernreise auf. Die Kreuzfahrt stand unter dem Motto »Weihnachtmärkte Nordeuropas«.

KEINE WEIHNACHTSSTIMMUNG IN DER HAFENCITY

Der Jungfernanlauf in Hamburg fand am 18. Dezember 2007 statt. Der Empfang der *Queen Victoria* fiel weitaus weniger spektakulär aus als beim ersten Anlauf der *Queen Mary 2*, als im Jahre 2004 Hunderttausende die Ufer gesäumt hatten. Das war eigentlich auch nicht verwunderlich und von der Reederei erwartet worden. Denn Cunard Line hatte zunächst vorgehabt, auf den Flächen neben dem Kreuzfahrtterminal in der HafenCity einen Weihnachtsmarkt zu organisieren und das winterliche Gegenstück zum *Queen Mary 2*-Day im Sommer zu schaffen. Bei Glühwein, gebrannten Mandeln und anderen leckeren Spezialitäten die neue Queen anschauen – dieses Konzept wäre sicher auch aufgegangen, wenn im Vorfeld die mediale Werbetrommel gerührt worden wäre. Aber durch die rege Bautätigkeit in der HafenCity waren diese Flächen belegt – es gab schlichtweg keinen Platz mehr rund um das Kreuzfahrtterminal. So wunderte sich niemand über die geringe Zahl an Schaulustigen, immerhin standen ein paar Hundert Unentwegte an den Sicherheitszäunen des Kreuzfahrtterminals, um die neue Königin zu begrüßen. Über den ganzen Tag verteilt kamen dann immer noch ein paar Tausend Menschen, angesichts der Temperaturen eine ganz beachtliche Menge. Das Medieninteresse aber war weiterhin ungebrochen, zahlreiche Fernsehteams und Journalisten von Nachrichtenagenturen, Tageszeitungen sowie Magazinen hatten sich für eine Besichtigung der *Queen Victoria* angemeldet.

Die Journalisten und die etwa 150 Gäste, die schließlich an Bord einen geführten Rundgang machen und zu Mittag essen durften, waren vom Ambiente der *Queen Victoria* begeistert. Sie sei nicht so pompös wie die *Queen Mary 2*, dabei aber noch edler und vor allem »britischer« als das Flaggschiff der Reederei, hieß es in den Zeitungsberichten am nächsten Tag. Zum Ablegen gegen 23.00 Uhr spendierte die Hansestadt ein großes Feuerwerk zu Ehren das Schiffes, das majestätisch beleuchtet die Elbe hinabglitt.

Das Einzige, was in der HafenCity beim Erstanlauf in Hamburg am 18. Dezember 2007 festliche Weihnachtsstimmung hervorrief, war das Schiff selbst.

Der Kreuzfahrtdirektor: Entertainer und Psychologe

Ray Rouse ist von frühmorgens bis spätabends ständig präsent. Wenn Passagiere gleich nach dem Aufstehen das Bordfernsehen einschalten, verliest der Kreuzfahrtdirektor die Termine des Tages und interviewt Bordpersonal, Lektoren oder prominente Gäste. Vor- und nachmittags moderiert er die Einführungen zu Vorträgen der Lektoren und vielen anderen Tagesaktivitäten oder veranstaltet die beliebten Quizrunden sowie Bingoturniere. Er ist Moderator der Abendempfänge, stellt die jeweilige Show im Theater vor, ist Gastgeber an einem der Ehrentische im Britannia Restaurant und auch beim Tanzen auf den Galabällen im Queens Room zu finden. Denn tanzen kann Ray ganz besonders gut – vier Mal war er mit seiner dänischen Frau Lise Weltmeister in den 1970er-Jahren. Zu den gesellschaftlichen Aktivitäten kommen auch noch die administrativen Aufgaben. Denn der Kreuzfahrtdirektor ist Vorgesetzter von 120 Angestellten und verantwortlich für das gesamte Unterhaltungsprogramm an Bord, zu dem neben Theater- und Filmvorführungen alle Auftritte von Musikern und Schauspielern, das Gentleman Host-Programm sowie sämtliche Veranstaltungen bis hin zum täglichen Sportprogramm gehören. Der Kreuzfahrtdirektor erstellt das Tagesprogramm, welches den Passagieren am Vorabend auf die Kabine gelegt wird, und entscheidet, welche Filme im interaktiven Fernseher gezeigt werden. Er ist neben den Hostessen einer der ersten Ansprechpartner für die Passagiere und muss neben Entertainerqualitäten auch über viel Menschenkenntnis und Fingerspitzengefühl verfügen.

Im Gegensatz zu den meisten anderen an Bord hatte Ray Rouse nie vor, auf ein Schiff zu gehen. In London geboren und aufgewachsen, wurde Ray Polizist und war unter anderem für die Bewachung des Amtssitzes des Premierministers, Downing Street Nummer 10, zuständig. Nachdem der begeisterte Tänzer den nationalen Titel bei den Amateuren erringen konnte und seine dänische Frau durch das Tanzen kennengelernt hatte, quittierte Ray den Polizeidienst und wurde Profi. Neben den vier Weltmeistertiteln war für ihn der Auftritt im Beatles-Film »Magical Mystery Tour« das größte Erlebnis. 1973 wurde das Ehepaar erstmals für Tanzstunden auf einem Schiff verpflichtet. Das Engagement auf der *Victoria* von Incres Line gefiel den

beiden so gut, dass sie fortan ein Leben auf See führten. Insgesamt 25 verschiedene Schiffe lernten die beiden kennen, und Ray stieg die Karriereleiter hinauf bis zum höchsten Posten in diesem Bereich – dem eines Kreuzfahrtdirektors. Im Jahre 2002 verpflichtete Cunard Line ihn dann als ersten Kreuzfahrtdirektor für die *Queen Mary 2*.

Auf der *Queen Victoria* hat Alistair Green den Posten inne. Green war zuvor bereits im selben Rang an Bord von *Queen Elizabeth 2* und *Queen Mary 2* tätig, bevor er jetzt auf das jüngste Cunard-Schiff wechselte. Als Kreuzfahrtdirektor kann er seine beiden Hobbys Theater und Seefahrt ideal miteinander verbinden. Green verfügt über umfangreiche Fernseh- und Filmerfahrung. Er produziert nicht nur das tägliche Bordfernsehen, sondern nahm auch die Trainingsvideos für die Ausbildung des Servicepersonals für den White Star-Service auf. Aber auch an Land sind seine Fähigkeiten gefragt: Das Mitglied der britischen Schauspielergewerkschaft war in vielen BBC-Produktionen zu sehen und spielte im Warner Brothers-Film »Black Beauty« mit.

DIE ERSTE WELTREISE

Die Weihnachts- und Silvesterreise führte die *Queen Victoria* am 21. Dezember von Southampton aus auf eine 16-tägige Kreuzfahrt zu den Kanaren und zurück. Am 6. Januar 2008 brach die *Queen Victoria* dann von ihrem Heimathafen aus zur ersten Weltreise auf. Auf der 106-tägigen Reise wurden insgesamt 37 Städte in 23 Ländern angelaufen, die Kreuzfahrt um den Globus führte dabei sowohl durch den Panama- als auch den Suezkanal. Den Auftakt bildete die Tandemfahrt über den Atlantik mit der *Queen Elizabeth 2* nach New York, wo es am 13. Januar zum Treffen mit der *Queen Mary 2* kam, dem historischen Stelldichein der drei »Königinnen der Meere«.

Fast wäre dieses Stelldichein der drei Cunard-Ladys nicht zustande gekommen. Trotz sorgfältigster Planung hätte das Wetter beinahe einen Strich durch die Rechnung gemacht. Bei der gemeinsamen Atlantiküberque-

Kurs Karibik: Die *Queen Victoria* verlässt Fort Lauderdale (vorhergehende Seite).

Nach der Atlantiküberquerung kommt das Schiff zum ersten Mal in New York an.

rung gerieten *Queen Elizabeth 2* und *Queen Victoria*, die in Sichtweite voneinander fuhren, in der Biskaya in einen schweren Sturm und mussten die Geschwindigkeit drosseln. Das Wetter beruhigte sich aber zusehends, und die beiden Luxusschiffe kamen nur leicht verspätet am frühen Sonntagmorgen in New York an. Dort war zuvor bereits die *Queen Mary 2* aus der Karibik kommend eingetroffen und zu ihrem Terminal nach Brooklyn gefahren. Die beiden anderen Schiffe machten direkt in Manhattan fest, die *Queen Elizabeth 2* am Pier 92, die *Queen Victoria* am Pier 88.

Zwei Jahre hatten die Vorbereitungen für diesen Tag gedauert, die Reederei musste die Fahrpläne aller drei Schiffe so aufeinander abstimmen, dass sie New York gemeinsam verlassen konnten, und die Liegeplätze reservieren. Der Plan musste außerdem noch von verschiedenen offiziellen Stellen genehmigt werden, neben der Hafenbehörde und der New Yorker Wirtschaftsbehörde schalteten sich auch Küstenwache, die New Yorker Polizei und sogar das FBI ein. Insgesamt 4000 Arbeiter wurden von Hafenbehörde und Dienstleistungsunternehmen bereitgestellt, um die Ozeandampfer zu entladen und zu versorgen sowie die Passagiere aus- und einsteigen zu lassen.

Das Ablegen war für 18.30 Uhr Ortszeit geplant, verzögerte sich aber um eine gute halbe Stunde. In strömendem Regen machte zunächst die *Queen Mary 2* in Brooklyn ihre Leinen los und nahm Kurs auf den Hudson River, wo sie abbog und auf die anderen beiden Schiffe wartete, Tausende von Schaulustigen hatten sich an den Ufern versammelt. Minuten später kam die *Queen Victoria*, gefolgt von der *Queen Elizabeth 2*. Auf den Brücken der drei Gigantinnen herrschte reger Funkverkehr, Konferenzschaltungen waren zur Hafenbehörde und verschiedenen Stäben im Hauptquartier von Cunard hergestellt. Anweisungen wurden in letzter Minute noch einmal geändert oder bestätigt, Position, Kurs und Geschwindigkeit laufend abgestimmt.

Im Hafen von Tallinn: Die Kreuzfahrten ins Baltikum und zu den norwegischen Fjorden sind vor allem bei deutschen Gästen sehr beliebt.

Die drei Königinnen glitten in der Dunkelheit kurz nach 20 Uhr an der Freiheitsstatue vorüber, als ein großes Feuerwerk gestartet wurde und die Schiffe hell erleuchtete. Passagiere und Mannschaften standen dicht gedrängt und winkten von den angestrahlten Decks hinab. Eine Viertelstunde dauerte die riesige Lichtshow, die Schiffe verharrten derweil auf ihren Positionen, auf unzähligen Privatbooten wurde eine Abschiedsparty gefeiert. Nach dem grandiosen Feuerwerksfinale ließ die *Queen Mary 2* ihr Horn erklingen und nahm langsam Fahrt in Richtung Verrazano Narrows-Brücke auf, Kurs Barbados. Die *Queen Victoria* und die *Queen Elizabeth 2* folgten dem Flaggschiff in Richtung See mit Ziel Fort Lauderdale, der ersten Station auf der jeweiligen Weltreise: die 26. und letzte Globusumrundung der *Queen Elizabeth 2* und die erste des neuen Kreuzfahrtschiffes.

Die gesamte Premierenkreuzfahrt um den Globus dauerte 107 Tage und war auch in sechs unterschiedlichen Teilstrecken buchbar. Sowohl die Atlantiküberquerung als auch ein 24-tägiges Teilstück von Southampton nach Los Angeles waren ebenso ausgebucht wie die 23 Nächte von Sydney nach Singapur und die letzte Strecke in 22 Tagen von Dubai zurück zum Heimathafen Southampton. Die komplette Jungfernweltreise war in Deutschland in der Zweibett-Innenkabine ab 15 590,- Euro pro Person buchbar, eine Außenkabine kostete ab 19 740,- Euro. Die Fahrt führte nach der Tandemüberquerung des Nordatlantiks mit der *QE 2* zum Königinnentreffen in New York über Fort Lauderdale und Aruba auch erstmals durch den Panamakanal. Über Punta Arenas, Acapulco und Manzanilla ging es weiter nach Los Angeles Richtung Südsee mit einem Stopp in Honolulu und weiter nach Pago Pago in Samoa. Einen Tag später, am 10. Februar, wurde erstmals die internationale Datumsgrenze überquert, bevor es über die Fidschi-Inseln und die neuseeländischen Häfen Auckland, Napier und Wellington ins australische Melbourne und nach Sydney ging.

In der australischen Metropole, deren Hafen zu den schönsten und spektakulärsten der Welt zählt, kam es am 24. Februar zum erneuten Aufeinandertreffen mit der *Queen Elizabeth 2*, die auf ihrer Abschiedstournee um die Welt zum insgesamt bereits 29. Mal in Sydney einlief. Und dies auf den Tag genau 30 Jahre nach dem Erstanlauf, der am 24. Februar 1978 stattgefunden hatte. Zudem war es das zweite Jahr in Folge, dass die australische Metropole zum Treffpunkt zweier Cunard-Queens wurde, denn genau ein Jahr zuvor waren die *Queen Mary 2* und die *Queen Elizabeth 2* gemeinsam in Sydney eingelaufen.

Die *Queen Victoria* hatte bereits am 23. Februar am Circular Quay festgemacht, die *Queen Elizabeth 2* legte einen Tag später in Garden Island ein. Die beiden großen Ozeanliner verließen gleichzeitig um 18.00 Uhr Ortszeit ihre Liegeplätze, jeweils begleitet von einer Flotte aus zahlreichen kleineren Motorschiffen und Segelbooten, und kreuzten durch den Hafen bis zum Fort Denison, wo gegen 18.30 Uhr beide Cunard-Queens ihre Signalhörner ertönen ließen. Die *Queen Victoria* verließ Sydney in Richtung Brisbane, die *Queen Elizabeth 2* kehrte nach der Verabschiedung der Flottenschwester zum Circular Quay zurück, um sich am nächsten Tag zum letzten Mal in ihrer aktiven Karriere aus Sydney zu verabschieden.

Aufbruch von Fort Lauderdale zur nächsten Station der Weltreise: Während die *Queen Victoria* zum ersten Mal um den Globus fährt, bricht die *Queen Elizabeth 2* zu ihrer 26. und letzten Weltreise auf.

Die *Queen Victoria* nahm auf ihrer Weltreise nach Anläufen in Brisbane und Port Douglas Kurs auf Asien. Nach vier Seetagen wurde am 5. März mit dem Hafen Kota Kinabalu der malaiische Teil der Insel Borneo erreicht. Von dort führte die Route über Hongkong nach Vietnam und Thailand und weiter nach Singapur, wo das Schiff am 18. März eintraf. Für das 14-tägige Teilstück von Singapur nach Dubai wurden von der deutschen Cunard-Vertretung nochmals spezielle Buchungspakete aufgelegt, die so erfolgreich waren, dass auch diese Strecke vollkommen ausgebucht war. Die Route war mit Aufenthalten im malaiischen Penang, den indischen Häfen Madras und Mumbai sowie in Sri Lanka überaus attraktiv und bot erstklassige Landausflugsmöglichkeiten. In Dubai legte die *Queen Victoria* am 31. März zur letzten Teilstrecke ihrer Weltreise ab und fuhr über den Oman und das ägyptische Safaga durch den Suezkanal nach Piräus. Über Neapel, Civitavecchia, Barcelona und Lissabon ging es dann zum Heimathafen Southampton, wo die *Queen Victoria* am 22. April um 7 Uhr morgens eintraf.

DREI QUEENS IM HEIMATHAFEN

Für den Aufenthalt im Heimathafen war eine nicht geplante, aber denkwürdige Begegnung avisiert. Nach dem historischen Treffen von drei Cunard-Queens im Januar in New York sollte es nun auch in der englischen Heimat zu einem Stelldichein der drei Königinnen kommen. Das letzte Treffen der drei Luxusschiffe der Traditionsreederei war durch eine Fahrplanänderung der *Queen Elizabeth 2* zustande gekommen, die nicht wie geplant in Bremerhaven überholt wurde. Nach dem Verkauf des Traditionsschiffes an Dubai war nur noch ein geringer Umfang an Arbeiten notwendig, die in Southampton bewerkstelligt werden konnten. Anstatt in die deutsche Werft zu gehen, wurde die *Queen Elizabeth 2* umgeroutet, und es kam so zu einem zweiten Treffen der Schiffe - ein weiteres historisches Ereignis für die Reederei und die britische Schifffahrtsgeschichte, denn dies war das erste Mal, dass drei Cunard-Queens gemeinsam im Heimathafen lagen. Der 22. April war zudem der 39. Jahrestag der offiziellen Jungfernfahrt der *Queen Elizabeth 2*, die 1969 stattgefunden hatte.

Zehntausende Schaulustige aus ganz Großbritannien versammelten sich im Mayflower Park und am Town Quai-Parkplatz, um die beste Sicht auf die drei Ozeanliner zu bekommen. Kurz nach 17 Uhr verließ die *Queen Mary 2* ihren Liegeplatz am Queen Elizabeth II-Terminal und glitt langsam den Fluss hinauf, um gemeinsam mit der *QE 2,* die am Liegeplatz 105 festgemacht hatte, sowie der *Queen Victoria*, die am City Terminal lag, für das Publikum zu posieren. Das Treffen der drei Cunarder wurde durch das gemeinsame Betätigen der Nebelhörner der Liner und dem darauffolgenden Auslaufen

Die Balkone dominieren die Aufbauten der *Queen Victoria*; von Deck 4 bis Deck 8 prägen sie die Außenansicht des Schiffes.

der *Queen Mary 2* zu ihrer ersten Atlantikpassage im Jahre 2008 sowie dem Aufbruch der *Queen Victoria* zu den Kanaren beendet. Die elftägige Kreuzfahrt war die erste reguläre Tour nach den Jungfernfahrten und der Weltreise und führte nach Madeira, Teneriffa, Gran Canaria, Lissabon und Vigo, ehe es zurück nach Southampton ging. Es folgte eine 14-tägige Kreuzfahrt ins westliche Mittelmeer, in deren Verlauf die *Queen Victoria* ihre ersten Blessuren einstecken musste.

Audienz der drei Königinnen in Southampton: Die *Queen Mary 2* legt zwischen *Queen Elizabeth 2* (links) und *Queen Victoria* (rechts) an.

Zweieinhalb Tonnen Kaviar pro Jahr

Die *Queen Victoria* ist das zweitgrößte Schiff, das in 167 Jahren für Cunard Line gebaut worden ist. Dementsprechend hoch sind auch die Verbrauchszahlen der Restaurantküchen und Bars. Auf einer siebentägigen Kreuzfahrt werden von den 1980 Passagieren verzehrt:

4000 kg	Rind- und Schweinefleisch
2000 kg	frischer Fisch
1200 kg	Meeresfrüchte, Krabben, Muscheln
2800 kg	Geflügel
9500 kg	frisches Gemüse
11 000 kg	Früchte
1600 kg	Käse
1300 kg	Joghurt, Quark und ähnliche Milchprodukte
14 000 l	Milch
19 000	Eier
3800 kg	Mehl
2500 kg	Reis
2700 kg	Kartoffeln
1900 kg	Zucker
12 000 Fl.	Bier

Für die gedeckten Tische werden benötigt:

86 000 Stück	Besteck
64 000 Stück	Geschirr
56 000	Gläser
32 000	Tassen

Die Wäscherei reinigt und bügelt in derselben Zeit:

2950	Tischtücher
11 700	Bettlaken
13 300	Kopfkissenbezüge
45 000	Servietten
28 000	Hand- und Badetücher

2,5 Tonnen Kaviar, 370 000 Packungen Müsli und Cornflakes sowie 105 000 Liter Saft werden pro Jahr verbraucht. Der mit 950 000 Teebeuteln zubereitete Tee würde zehn 50-Meter-Schwimmbecken füllen. Mehr als eine halbe Million Liter Champagner, Sekt und Wein werden ausgeschenkt. Mit dem an Bord verbrauchten Toilettenpapier könnte man die Erde rund fünfmal umwickeln.

DAS MALHEUR VON MALTA

Die erste Kreuzfahrt durch die Straße von Gibraltar in das Mittelmeer nach Korsika und Italien war bei schönstem Sonnenwetter absolut ruhig und reibungslos verlaufen, als die *Queen Victoria* am 14. Mai gegen Mittag den Hafen von La Valetta auf Malta ansteuerte, der wegen seiner imposanten Festungsmauern zu den schönsten in Europa zählt. Die Passagiere standen an Deck, bewunderten die gewaltigen Befestigungsanlagen und freuten sich auf die Ausflüge auf die Insel des Ritterordens, der zahlreiche geschichtsträchtige Bauten hinterlassen hat. Kapitän Paul Wright, der mit Unterstützung des Hafenlotsen das Anlegemanöver von der Brücke leitete, entschloss sich nach Beratung mit dem einheimischen Experten, noch vor dem Anlegen ein Drehmanöver auszuführen. Dies hatte den Vorteil, dass die *Queen Victoria* für das planmäßige Auslaufen am Abend am Kai gleich in Fahrtrichtung liegen und die Ausfahrt schneller vonstattengehen würde. Eine reine Routineangelegenheit für die erfahrene Brückenbesatzung, die bereits während der Probefahrten zahlreiche Manöver und Tests durchgeführt hatte und nach dem ersten halben Jahr auf See genau einschätzen konnte, wie und zu welchem Zeitpunkt das Schiff auf bestimmte Rudereinstellungen reagieren würde. Zudem gilt der Hafen von La Valetta nicht als besonders schwierig, und der Lotse kannte mit mehr als 25 Jahren Berufserfahrung die Verhältnisse sehr genau.

Das erste Drittel des Wendemanövers war nach Plan absolviert, das Heck der *Queen Victoria* drehte sich Richtung Land, als Passagiere und Besatzung einen leichten Ruck verspürten, ein Vibrieren ging durch das ganze Schiff, und gleichzeitig war ein lautes, schabendes Geräusch zu hören. Wer am Heck gestanden hatte, konnte

die Ursache dafür live miterleben: Die *Queen Victoria* war an der Kaimauer angeschlagen, also ganz offensichtlich zu nahe an die Uferbefestigung geraten.

Das Schaben war in Sekundenschnelle vorbei, und das Schiff drehte über das Heck weiter langsam in Richtung See, obwohl Kapitän Wright das Manöver sofort stoppen ließ. Die *Queen Victoria* schwamm frei im Wasser, als ob nichts passiert wäre, beide Azipod-Gondeln funktionierten einwandfrei. Prüfende Blicke der wachhabenden Offiziere auf die hochmodernen Computersysteme der Brücke ergaben, dass keinerlei Ausfälle angezeigt wurden. Auch Nachfragen von der Brücke an den Maschinenraum und die Wachhabenden unter Deck sorgten für Beruhigung – nirgendwo war Wasser eingedrungen. Der Kapitän entschied daraufhin, ein Rettungsboot herunterzulassen, damit einer der Brückenoffiziere und Bordtechniker das Heck in Augenschein nehmen konn-

Das Heck erscheint nach der vorläufigen Reparatur wie unversehrt, die aufgesetzte Stahlplatte ist nur bei genauem Hinschauen zu entdecken (vorhergehende Seite).

Der Bug der *Queen Victoria* ist nicht so schnittig wie bei den klassischen Cunard-Linern, wirkt aber durch die vorgenommene Verlängerung immer noch elegant (linke Seite).

ten. Der Funkspruch der Aufklärungscrew war allerdings alles andere als beruhigend: Man hatte eine etwa 4 Meter lange und 1,50 Meter hohe Einbeulung direkt über der unteren Abrisskante entdeckt.

Als klar war, dass es keinen größeren Schaden gab und alle Systeme funktionierten, fuhr die Brückenbesatzung gemeinsam mit dem Lotsen mit dem Dreh- und Anlegemanöver fort, bis die *Queen Victoria* sicher vertäut am Kai lag. Dann verständigte Kapitän Wright die maltesische Hafenbehörde MMA und forderte Taucher an, um das Schiff auch unter der Wasserlinie gründlich abzusuchen. Das Ergebnis ihrer Untersuchungen: Die *Queen Victori*a hatte unterhalb der Wasserlinie nichts abbekommen, die Beule am Heck war zwar deutlich sichtbar, aber nicht tief, und die Sachverständigen waren sich einig, dass die Fahreigenschaften des Schiffes nicht beeinträchtigt sein würden.

Doch wie war es zu diesem Missgeschick gekommen? Menschliches Versagen wie eine falsche Einschätzung der verantwortlichen Offiziere, eine missverständliche Ansage des Hafenlotsen oder gar ein Fahrfehler? Waren es technische Gründe, eine Fehlfunktion bei der Steuerung des Schiffes? Die maltesische Hafenbehörde nahm sich bei ihrer Untersuchung viel Zeit, und die *Queen Victoria* blieb daher länger als geplant in La Valetta. Damit war klar, dass die Route der Kreuzfahrt nicht eingehalten werden konnte, denn am nächsten Tag war planmäßig ein Anlauf im tunesischen La Goulette vorgesehen. Das Hotelmanagement arbeitete mit Hochdruck, um den Passagieren am Abend eine Gala bieten zu können, im Ausflugsbüro wurden die gebuchten Trips nach Tunis oder Karthago storniert und den Passagieren gutgeschrieben, und der Kapitän formulierte ein Informationsschreiben, das allen Passagieren in die Kabine gelegt wurde.

Natürlich war die Kollision Tagesgespräch und sorgte bei den beiden Sitzungen des Abendessens für reichlich Diskussionsstoff. Paul Wright gab detaillierte Informationen bekannt, aber er leitete den Empfang mit typisch britischem Humor ein, der für viele Lacher sorgte. Er erzählte, er habe vor dem Einlaufen nach Malta morgens mit seiner Frau telefoniert, die etwas betrübt angerufen habe. Auf die Frage nach dem Grund dafür habe sie geantwortet, dass es ein Problem mit dem neuen Auto gebe: Sie habe rückwärts einparken wollen, dabei aber leider einen Pfeiler übersehen, nun habe das Auto eine kleine Delle in der Stoßstange. Er habe seine Frau daraufhin getröstet, das sei doch nur eine kleine Beule, aber insgeheim nur gedacht: Okay, Frauen und Autofahren ... Heute Abend, kurz vor dem ersten Empfang, habe er dann seine Frau angerufen. Er hätte versucht, die *Queen Victoria* in La Valetta einzuparken, und, nun ja, das Schiff habe nun eine richtige Beule. Ob Wahrheit oder ausgedacht – Paul Wright traf den richtigen Ton, die Passagiere applaudierten.

Die Untersuchungen der maltesischen Hafenbehörde dauerten bis Donnerstag, dann gaben die Beamten das Schiff frei. Am Nachmittag lief die *Queen Victoria* aus La Valetta aus und nahm Kurs auf Gibraltar. In dem von der Hafenbehörde veröffentlichten Teil des Untersuchungsberichts stand, Grund für die Kollision des Schiffes mit der Kaimauer sei ein technischer Defekt gewesen, die *Queen Victoria* sei nur leicht am Heck und am Fendersystem beschädigt worden, an der Kaimauer wären nur leichte Spuren feststellbar. Der »technische Defekt« wurde nicht näher erläutert. Der entstandene Schaden war so gering, dass er nach der Rückkehr von dieser Kreuzfahrt am 20. Mai im Heimathafen Southampton während der normalen Liegezeit behoben wurde – die *Queen Victoria* musste dafür nicht einmal in die Werft. Die entstandene Beule wurde mit Dichtmittel aufgefüllt und auf diese Fläche dann eine Platte geschweißt und vernietet. Der Luxusliner kreuzt seitdem mit diesem stählernen Pflaster auf seinem Hinterteil über die Meere, beim nächsten planmäßigen Werftaufenthalt soll dann der Schaden endgültig behoben werden.

222 HÄFEN IM ERSTEN DIENSTJAHR

Den Spätsommer und Herbst des Premierenjahres verbrachte die *Queen Victoria* im Mittelmeer, nachdem das Schiff im Juni und Juli Reisen nach Skandinavien und ins Baltikum unternommen hatte. So führten zum Beispiel zwei 15-tägige Kreuzfahrten in der Ostsee ab/bis Southampton nach Zeebrügge, Danzig, Tallinn, St. Petersburg, Helsinki, Stockholm, Kopenhagen und Oslo. Im Mittelmeer kreuzte die neue Queen auf insgesamt sechs verschiedenen Routen und machte auch einen 13-tägigen Abstecher ins Schwarze Meer. Von Venedig aus ging diese Reise am 18. September über Kusadasi und Istanbul zur Halbinsel Krim, wo Odessa und Jalta angelaufen wurden. Mit Zwischenstopps in Piräus und Messina führte die Fahrt nach Civitavecchia.

Am 11. Dezember 2008, genau ein Jahr nach dem Start der Jungfernreise, legte die *Queen Victoria* wieder im Heimathafen Southampton an. In ihrem ersten Dienstjahr hatte die jüngste Königin der Cunard Line 111 828 Seemeilen zurückgelegt, 222 Häfen angelaufen und 54 827 Gäste befördert. Darunter waren auch schon einige Wiederholer, knapp zehn Prozent der Passagiere waren vom britischen Stil des Schiffes so angetan, dass sie bereits im ersten Jahr erneut auf Kreuzfahrt gingen – einige Gäste sogar mehrfach! Zum Abschluss des Jahres 2008 ging das Schiff auf eine Weihnachts- und Neujahrskreuzfahrt. Die 23-tägige Route führte dabei ab/bis Southampton nach Ponta Delgada auf den Azoren, von wo aus der Atlantik in Richtung Karibik überquert wurde. Zu den angelaufenen Häfen zählten Antigua, St. Kitts, St. Lucia, Grenada und Bridgetown auf Barbados. Das Weihnachtsfest verbrachte die *Queen Victoria* bereits wieder auf See: Funchal auf Madeira und Vigo hießen die beiden europäischen Häfen, die noch vor dem Jahreswechsel angelaufen wurden, ehe am 2. Januar 2009 Southampton den Liner wieder willkommen hieß. An diesem Tag wurden für die *Queen Victoria* weitaus mehr Lebensmittel angeliefert als bei anderen Kreuzfahrten üblich, denn das Schiff sollte am Nachmittag zu seiner zweiten Weltreise aufbrechen. Der Proviantmeister und seine Gehilfen hatten alle Hände voll zu tun, und die Lagerräume wurden bis unter die Decke gefüllt.

Die 108-tägige Weltreise begann mit einer ausverkauften Atlantiküberquerung nach New York, dort stiegen viele europäische Reisende aus und US-Bürger ein, die die gesamte Reise oder Teilstrecken gebucht hatten. Insgesamt waren elf Teilabschnitte buchbar, beginnend mit der Atlantiküberquerung und einer 13-tägigen Reise von Southampton nach Fort Lauderdale. Zwei weitere Teilstücke führten vom Heimathafen in 40 Tagen in das neuseeländische Auckland, in 49 Tagen nach Sydney oder während einer 76-tägigen Kreuzfahrt bis Singapur. Umgekehrt gab es Passagen von Los Angeles, Sydney, Auckland oder Singapur nach Southampton.

Die gesamte Weltreise, die in der Innenkabine ab 16 990,– Euro pro Person buchbar war, führte ab Southampton zu karibischen Zielen, durch den Panamakanal nach Guatemala, Mexiko, Kalifornien, Hawaii, in die Südsee, nach Neuseeland, Australien, Papua-Neuguinea, Japan, Südkorea, China, Vietnam, Thailand, Singapur, Indien, Dubai, Jordanien, durch den Suezkanal und das Mittelmeer zurück nach Southampton. Rund 250 Passagiere waren während der gesamten Weltreise an Bord, acht der elf Teilstrecken waren ausgebucht. Mit der Rückkehr

In der Jungfernsaison ging die *Queen Victoria* nach der Weltreise auf zweiwöchige Kreuzfahrten durch das Mittelmeer.

nach Southampton am 20. April begann die eigentliche Kreuzfahrtsaison, zunächst mit einer 12- und einer 14-tägigen Reise ins westliche Mittelmeer, über Spanien und Frankreich nach Italien und zurück. Dazwischen lag eine viertägige sogenannte Schnupperkreuzfahrt. Cunard Line hatte sich entschlossen, in diesem Jahr sechs Kurzreisen aufzulegen, von zwei bis vier Nächten Dauer. So ging eine dreitägige Reise von Southampton über Cherbourg nach Bremerhaven und zurück, eine weitere von Southampton nach Hamburg zurück in den Heimathafen. Vier Nächte war man ab/bis Southampton über Cherbourg, Rotterdam und Zeebrügge an Bord. Alle sechs Kurzreisen waren in kürzester Zeit so gut gebucht, dass nur noch wenige Kabinen zur Verfügung standen.

FRANCIS

Terrine vom Norwegischen Lachs (4 Personen)

Lachsmousse

60 g	frischer Lachs, sehr fein würfeln
60 g	frischer Lachs, kurz angebraten
60 g	frischer Lachs, roh belassen
60 g	Lachs, geräuchert
120 g	Butter, weich
150 ml	Sahne
1 EL	Dill frisch, gehackt
1 EL	Weißwein
1 EL	Pernod
1 EL	Noilly Prat
2 EL	Crème Fraîche
1 Msp.	Petersilie, gehackt
	Zitronensaft,
	Salz und Pfeffer zum Abschmecken

Den rohen und geräucherten Lachs in einen Mixer geben und sehr fein pürieren, anschließend den angebratenen Lachs in kleine Stücke zupfen und zusammen mit dem roh gewürfelten Lachs unter das Püree geben. Nun die Sahne steif, die Butter schaumig schlagen und zuerst die Butter, anschließend die Sahne unterheben. Darauf achten, dass bei der gesamten Herstellung alle Zutaten, bis auf die Butter, zur Zubereitung aus dem Kühlschrank kommen müssen. Zur Vollendung den Alkohol, Dill, Salz und Pfeffer nach Bedarf hinzugeben und die Masse in eine 20 cm lange, mit Folie ausgelegte halbrunde Form geben und im Kühlschrank für ein paar Stunden setzen lassen, dann stürzen und in Scheiben schneiden.

Zum Anrichten einen Kranz von hauchdünn geschnittenen Gurken legen, die Crème Fraîche mit etwas Zitronensaft und der Petersilie anreichern, mit Salz und Pfeffer würzen und einen schmalen Streifen von links nach rechts über den Teller ziehen; die Tomate halbieren, aushöhlen und mit bunten Salaten füllen, mit ein wenig Vinaigrette beträufeln.

Lende vom Schwein an Calvados Jus
Zucchiniblätter, Kirschtomaten und Kartoffel-Käse-Rösti
(4 Personen)

Calvados Jus

1 kg	Kalbsknochen
250 g	Zwiebeln
250 g	Möhren
¼ Knolle	Sellerie
1 Bund	Petersilie
30 g	Tomatenmark
½ l	Rotwein
½ l	Wasser
1 ml	Calvados
2 EL	Aceto Balsamico
	Thymian, Majoran, Oregano, Lorbeerblatt
	Salz und Peffer

Einen Bräter erhitzten, die Knochen darin mit etwas Öl stark bräunen, das Gemüse hinzugeben und alles zusammen rösten. Tomatenmark hinzugeben, mit dem Rotwein ablöschen und reduzieren, diesen Vorgang nochmals wiederholen, beim zweiten Mal den Balsamico hinzugeben und dann mit dem Wasser aufgießen. Mit den Kräutern einen Gewürzbeutel machen, hinzugeben und bis zur Hälfte einreduzieren. Würzen und mit Calvados verfeinern. Die verbleibende Flüssigkeit durch ein Tuch passieren und abschäumen.

Schweinefilet

1 kg	Schweinefilet
20 g	Dijon-Senf
	Salz und Peffer
	etwas Wasserkresse

Das Filet von überflüssigem Fett befreien, mit Salz und Pfeffer würzen, dann in einer heißen Pfanne und etwas Öl von allen Seiten gut anbraten, mit Senf einstreichen und im Ofen bei niedriger Temperatur (100 Grad) für ca. 12 bis 15 Minuten medium braten. Nach dem Braten an einem warmen Ort kurz ruhen lassen und in vier gleiche, ca. 6 cm große Stücke schneiden.

Kartoffel-Käse-Rösti

300 g	mehlige Kartoffeln
20 g	Gruyère-Käse
10 g	Zwiebeln
	Salz und Pfeffer

Kartoffeln in Salzwasser halb fertig kochen, die Zwiebeln hacken, anschließend die Kartoffeln und den Käse auf einer groben Reibe reiben, alles miteinander vermischen. Etwas Butter und Öl in eine heiße Pfanne geben, das Kartoffelmix 1 cm stark und rund darin verteilen, wenden, wenn die Unterseite goldbraun ist, und herausnehmen, wenn die andere Seite ebenso goldbraun ist.

Das Gemüse

2 Stück	Zucchini
20 Stück	Kirschtomaten
1 TL	Petersilie
	Salz und Pfeffer

Die Zucchini an den Enden abschneiden und längs halbieren, dann quer in der Hälfte teilen und von der einen zur anderen Spitzte halbrund einschneiden, sodass sie eine blattähnliche Form annehmen, anschließend in der Pfanne mit etwas Butter schwenken und würzen. Die Kirschtomaten in einer Pfanne mit etwas Butter anschwenken, die gehackte Petersilie zugeben und würzen.

Das Anrichten

Die Rösti in der Mitte des Tellers anrichten, die in Butter geschwenkten Gemüse darangeben, nun das Schweinefilet in 6 cm lange Stücke schneiden und hochkant auf die Rösti platzieren, dann die Jus an den unteren Teil des Tellers geben und mit der Wasserkresse garnieren.

Schokoladenwasserfall
(4 Personen)

Schokoladenmasse

300 g	Kuvertüre
300 g	ungesalzene Butter
250 g	Zucker
200 g	Mehl
3	Eigelb
7	Eier

Vier Kuchenringe von 6 cm Durchmesser auf Backpapier auslegen. Kuvertüre und Butter im Wasserbad schmelzen und zur Seite stellen. Zucker, Eier im Mixer bis zur Rose schlagen. Mehl durchsieben und unterheben. Kuvertüre-Butter-Mix langsam unterheben.
Die Masse in die vorbereiteten Dessertringe verteilen, anschließend bei 170 Grad für 23 Minuten im vorgeheizten Ofen backen und 1 Minute setzen lassen, den Ring herausheben und das Papier vorsichtig abziehen.

Vanilleeis

100 ml	Milch
100 ml	Sahne
40 g	Zucker
½	Vanilleschote
2	Eigelb
50 ml	Sahne

Eigelb und Zucker schaumig schlagen. Milch, Sahne und das Mark der Vanilleschote zum Kochen bringen. Bei ständigem Rühren die Flüssigkeit unter die Eimasse geben und anschließend im Mixer cremig schlagen. Den kleineren Teil der Sahne steif schlagen und unterheben. Bevor die Masse in die Eismaschine gegeben wird, gut durchkühlen lassen.

Himbeermark

100 g	Himbeeren
30 g	Zucker
6 EL	Wasser

Alle Zutaten in einem Topf zum Köcheln bringen, durch ein Sieb passieren und kalt stellen.

Zuckerkörbchen (Brandy Snap)

50 g	Zucker
20 g	Butter (weich)
33 g	Glukose oder Golden Sirup
20 g	Mehl
1 EL	Brandy
	frische Minze
	Puderzucker

Butter, Zucker, Glukose und Brandy in einer Schüssel vermengen. Mehl hinzugeben und zu einem geschmeidigen Teig kneten, dann im Kühlschrank ruhen lassen.

Das Anrichten
Den Schokoladenwasserfall seitlich auf dem Teller anrichten, Himbeermark auf die andere Seite und das Vanilleeis im Zuckerkörbchen darauf platzieren; mit einer halben Erdbeere, Puderzucker und frischer Minze verzieren.

Queen Victoria

ZUM ZWEITEN MAL IN DEUTSCHLAND

Ende Mai kam die *Queen Victoria* zum zweiten Mal nach Deutschland. Am 29. Mai wurde erstmals Bremerhaven angefahren, als Endstation einer neuntägigen Reise von Southampton zu den norwegischen Fjorden und Auftakthafen einer Kreuzfahrt über Skandinavien nach St. Petersburg und Tallinn nach Southampton, die 13 Tage dauerte. Zahlreiche Schaulustige bescherten dem Kreuzfahrtschiff in der Stadt an der Wesermündung einen würdigen Empfang. Als die *Queen Victoria* am frühen Morgen einlief, wurde sie bereits von einer Weserfähre und mehreren Schleppern, die dem Liner gemeinsam entgegenfuhren, mit Wasserfontänen und Schiffshörnern begrüßt. Gegen 7.00 Uhr machte das Schiff am Columbus Cruise Center fest, das in den Farben der Reederei geschmückt war.

Für das Publikum war im Terminal eine Galerie geöffnet, um sich das Schiff von außen in der Nähe ansehen zu können. Bis auf geladene Gäste und Journalisten kam aus Sicherheitsgründen kein Besucher an Bord. 1800 Passagiere machten Ausflüge, fuhren nach Hamburg oder Berlin oder schauten sich in Bremerhaven um. Rund 250 Reisende stiegen aus, für 200 Gäste begann eine neue Kreuzfahrt. Am frühen Abend gegen 17 Uhr wurden die Leinen losgemacht, und die *Queen Victoria* startete ab dem neuen deutschen Abfahrtshafen eine weitere Nordlandreise mit einem Abstecher nach Russland und ins Baltikum. Während der 13-tägigen Kreuzfahrt lief der Liner die Häfen Kristiansand, Kopenhagen, Stockholm, Helsinki, St. Petersburg, Tallinn und Göteborg an, um schließlich wieder im Heimathafen Southampton festzumachen. Die gleiche Route mit Anlauf in Bremerhaven wurde nochmals im Hochsommer vom 5. bis 17. August angeboten. In der Zeit dazwischen wechselten die Routen alle zwei Wochen: Fahrten zu den norwegischen Fjorden bis hin zum Nordkap folgten Abstecher ins westliche Mittelmeer, immer mit Start- und Zielhafen Southampton.

Eine Besonderheit stellte die Fahrt ab dem 18. September dar, denn damit Kreuzfahrer die bunte Farbenpracht des »Indian Summer« in den Neuenglandstaaten der USA und Kanada genießen konnten, hatte Cunard Line eine 25-tägige Kreuzfahrt aufgelegt, die mit einer Atlantiküberquerung von Southampton nach New York startete. Von dort aus ging es über Rhode Island, Massachusetts und Maine ins kanadische St. John, Halifax und Quebec, bevor sich das Schiff über St. John's auf Neufundland auf den Weg über den Atlantik zurück nach Southampton machte. Den restlichen Herbst verbrachte die *Queen Victoria* mit Kreuzfahrten ins westliche Mittelmeer und zu den Kanaren, dann stand erneut ein Besuch in Deutschland an. Hamburg war das Ziel einer dreitägigen Schnupperfahrt ab Southampton vom 9. bis zum 11. Dezember, um deutschen Gästen die Möglichkeit zu bieten, eine Reise in einer deutschen Hafenstadt zu be-

Auf Reede: Passagiere
werden mit Tenderbooten
an Land gebracht.

Queen Victoria

ginnen oder zu beenden. Der neue Luxusliner machte über Nacht in Hamburg fest, am nächsten Morgen ging die Reise über Stavanger, Kopenhagen und Zeebrügge zurück nach Southampton. Die Weihnachts- und Neujahrskreuzfahrt dauerte in dieser Saison 17 Tage und führte ab dem 19. Dezember ab/bis Southampton zu den Kanarischen Inseln und nach Madeira.

Die dritte Weltreise der *Queen Victoria* war für 108 Tage geplant, ab dem 4. Januar 2010 wurden, beginnend mit der traditionellen Atlantiküberquerung von Southampton nach New York, 40 Häfen rund um den Erdball angelaufen. Von New York aus ging die Route entlang der amerikanischen Ostküste und Mittelamerika durch den Panamakanal nach San Francisco und Hawaii. Nach Anläufen in Samoa und Fidschi folgten Besuche in Neuseeland und Australien, bevor das Schiff Kurs auf China, Vietnam, Thailand, Malaysia und Indien nahm. Über den Oman, Dubai und Jordanien sah der Routenverlauf die Fahrt durch den Suezkanal und mit

Auch während der Liegezeit im Hafen ist die Brücke ständig besetzt, um für einen reibungslosen Ablauf zu sorgen.

Zweiter Besuch in Deutschland: am Columbus Cruise Center in Bremerhaven (links).

Piräus sowie Civitavecchia nur zwei europäische Häfen vor, bis das Schiff am 22. April 2010 wieder im Heimathafen ankam. Letztes Highlight dieser Weltreise war das Treffen mit der *Queen Mary 2*, die am gleichen Tag von ihrer 102-tägigen Umrundung des Erdballs in Southampton ankam.

AUDIENZ VON DREI NEUEN KÖNIGINNEN IN NEW YORK

Nachdem im Frühsommer 2007 der Verkauf der *Queen Elizabeth 2* nach Dubai bekannt gegeben worden war, sah es so aus, als wolle Cunard Line mit der *Queen Mary 2* für die klassische Atlantikroute und der *Queen Victoria* als elegantem Kreuzfahrtschiff strategisch nur mit zwei Schiffen in die Zukunft fahren. Doch die Vorausbuchungen für die *Queen Victoria* liefen so gut, dass das Management schnell über ein weiteres Schiff nachdachte. Am 10. Oktober 2007 wurde der Bau eines neuen Luxusliners bekannt gegeben.

Das neue Schiff wird den Namen *Queen Elizabeth* ohne Zusatz einer Ziffer tragen und damit die Tradition des ersten Liners dieses Namens fortsetzen, der von 1938 bis 1968 für Cunard Line den Atlantikdienst versah. Die britische Monarchin Elizabeth II. hat dem Cunard-Management bereits ihren Segen für die königliche Namensgebung erteilt. Das neue Schiff wird wie die *Queen Victoria* wieder von der italienischen Werft Fincantieri gebaut, allerdings nicht wie ihre Vorgängerin am Standort Venedig-Marghera, sondern in der Werft Monfalcone im norditalienischen Hafen Goriza bei Triest.

Die Baunummer 6187 wird mit einer Tonnage von 90 400 BRZ das zweitgrößte jemals für Cunard Line in Dienst gestellte Schiff werden. Die Baukosten für den 2092 Passagiere und 1097 Besatzungsmitglieder fassenden Liner liegen bei etwa 415 Millionen Euro, die Jungfernreise startet am 12. Oktober 2010. Die *Queen Elizabeth* wird dann von Southampton aus in Richtung Südwesteuropa zu den Kanarischen Inseln und nach Madeira aufbrechen. Beim Buchungsbeginn am 2. April 2009 um 13 Uhr verzeichnete die Reederei einen neuen Rekord: Bereits nach 29 Minuten waren alle Kabinen für die 14-tägige Jungfernfahrt ausgebucht. Die Suitenkategorien Queens und Princess Grill waren sogar schon nach neun Minuten restlos vergriffen.

Am 2. Juli 2009 fand auf der Werft in Monfalcone die Kiellegung statt. Im Rahmen der Zeremonie, bei der Cunard-Präsidentin Carol Marlow und Werftdirektor Paolo Capobianco sprachen, wurde der erste zentrale, 364 Tonnen schwere Schiffsteil, zusammengesetzt aus sechs Segmenten, im Trockendock platziert. Bis zu diesem Zeitpunkt waren bereits 104 Tonnen Rohre, Kabel und Isolierung verarbeitet. Bei Fertigstellung wird die Außenhülle aus 53 Segmenten bestehen. Das Fluten des Trockendocks sollte im Dezember 2009 stattfinden. Der ursprünglich vorgesehene Termin konnte aber nicht eingehalten werden, weil es zu Verzögerungen bei den Werftarbeiten gekommen war. So verließ die *Queen Elizabeth* das Trockendock erst im Frühjahr 2010. Der Zeitplan der Fertigstellung ist aber trotzdem nicht gefährdet, bis zum Auslieferungstermin Ende September 2010 waren bei der Planung genügend Puffer eingebaut worden. So wird die *Queen Elizabeth* planmäßig am 6. Oktober 2010 in Southampton erwartet,

wo sie einen Tag nach der Taufe am 12. Oktober zur Jungfernfahrt aufbrechen wird.

Die *Queen Elizabeth* wird ein typischer Cunard-Liner, der mit Art déco-Ambiente die traditionellen Luxusmerkmale der goldenen Ära der Passagierschifffahrt ausdrücken soll. Neben klassischen Elementen wie der zweistöckigen Bibliothek mit Wendeltreppe und mehr als 6000 Büchern oder dem dreigeschossigen Royal Court Theatre mit privaten Logen, die es auch auf der *Queen Victoria* gibt, wird sich der Neubau in einigen Punkten von der Vorgängerin unterscheiden. So gibt es zum Beispiel einen englischen Country Garden im Freien, einen Decksbereich für Spiele, auf dem neben Shuffle Board und Paddle Tennis auch Crocket und Bowling angeboten werden, und eine Midships Bar, wie sie auch auf der ersten *Queen Elizabeth* vorhanden war. Für die Kunstwerke an Bord hat die Reederei mehr als drei Millionen Euro bereitgestellt.

Nachdem Cunard Line im Sommer 2009 für den amerikanischen Markt die Fahrpläne der drei Queens für das Frühjahr 2011 bekannt gegeben hat, freuten sich die New Yorker Medien und Schiffsliebhaber in aller Welt: Vier Jahre nach dem ersten Treffen von drei Königinnen im New Yorker Hafen wird es erneut ein royales Rendezvous von drei Queens geben. Am 13. Januar 2011 sollen *Queen Mary 2*, *Queen Victoria* und das neueste Flottenmitglied *Queen Elizabeth* zu einer gemeinsamen Audienz in New York eintreffen.

Das Auslaufen der drei Königinnen in New York beim ersten Treffen im Januar 2007 wurde von einem großen Feuerwerk begleitet.

Am 13. Januar 2011 wird es erneut zu einer königlichen Audienz in New York kommen, diesmal mit dem neuesten Flottenmitglied, der *Queen Elizabeth*.

QUEEN VICTORIA IM ÜBERBLICK

Länge	294 Meter
Breite	32,30 Meter
Höhe	62,50 Meter
Tonnage	90 000 BRZ
Tiefgang	8,0 Meter
Maximalgeschwindigkeit	23,7 Knoten
Betriebsgeschwindigkeit	18–20 Knoten
PS	90 000
Passagiere	1980
Crew	950
Raumzahl (Tonnage geteilt durch Passagierzahl)	45,45
Werft	Fincantieri Marghera, Italien
Kiellegung	4.7.2003
Stapellauf / Ausdocken	15.1.2007
Taufe	10.12.2007
Taufpatin	Camilla, Herzogin von Cornwall
Heimathafen	Southampton
Flagge	Großbritannien

DANKSAGUNG

Dieses Buch wäre nicht entstanden ohne die Hilfe und die Begeisterung vieler Beteiligter. Bedanken möchte ich mich beim Team der Cunard Line in Hamburg. Ebenso bei allen von Cunard Line und bei den Besatzungsmitgliedern sowie Passagieren der *Queen Victoria*, die mir für Interviews zur Verfügung standen und viele wertvolle Tipps sowie Informationen gegeben haben. Großen Dank schulde ich auch meiner Lektorin Katrin Keite und nicht zuletzt Uta und Hannah, die viel zu oft auf mich verzichten müssen.

BILDNACHWEIS

Cruise Center BHV, Bremerhaven: Seite 120
Cunard Line: Vorsätze und Seiten 7, 8 (2), 9, 10, 12, 16 (2), 17 (3), 18, 19, 20, 21, 22, 23 (2), 24 (2), 25, 26, 27, 30, 33, 36, 38, 44, 49, 52 o., 87 u., 92 (2), 93, 97, 98, 101, 104/105, 123 (2), 124
Gunther Eimers, Hamburg: Seite 51 o., 68, 88, 89, 96, 106, 108, 111, 121, 128
Engel & Gielen, Hamburg: Seiten 28, 29, 32, 37, 39, 40, 41 (2), 42, 43, 45, 46 (2), 50, 52 u., 53 (2), 59, 63 u., 75 (3), 78, 79, 80, 86, 87 o., 112
Helga Kamerling, Lüneburg: Seiten 60/61 (auch Schutzumschlagrückseite)
Klaus Krämer, Köln: Seiten 113, 114, 115
Museum für Gestaltung/Plakatsammlung, Zürich: Seite 11
picture alliance, Frankfurt: Seite 13
Dirk Rotermundt, Lüneburg: Seiten 54, 56/57 (auch Schutzumschlagrückseite), 62, 63 o., 65, 66/67, 69, 70, 73, 74, 81, 82, 85, 94/95 (auch Schutzumschlagrückseite), 103
Southampton City Heritage Services: Seite 14
Ingo Thiel, Hamburg: Seiten 51 u., 57, 71 (2), 72 (2), 76, 77, 83, 90, 91, 100, 107, 116, 118/119, 127

BIBLIOGRAFIE UND QUELLEN

Literatur

Bryant, Sue, Queen Victoria, REM Productions 2007

Butler, Daniel A., The Age of Cunard, ProStar 2003

Ellery, D., RMS Queen Mary, The World's Favourite Liner, Waterfront Publications 1994

Hutchings, D., QE 2 - A Ship for all Seasons, Waterfront Publications 2002

Langley, John, Steamlion - A Biography of Samuel Cunard, Brick Tower Press 2007

Maxtone-Graham, John, The Only Way to Cross, MacMillan 1978

Maxtone-Graham, John, Queen Mary 2 - The Greatest Ocean Liner of our Time, Bulfinch 2004

Zeitungen und Nachrichtenagenturen

The London Times

The Southern Daily Echo, Southampton

dpa

afp

Originalquellen

Interviews und Gespräche mit Carol Marlow, Rai Calouri, Theresa Anderson, Giacomo Motola, Commodore Bernard Warner, Kapitän Christopher Rynd, Kapitän Paul Wright, Kapitän Ian McNaught, Jean-Marie Zimmermann, Klaus Krämer, Bettina Bauknecht, Ray Rouse und vielen anderen Besatzungsmitgliedern der *Queen Victoria*.

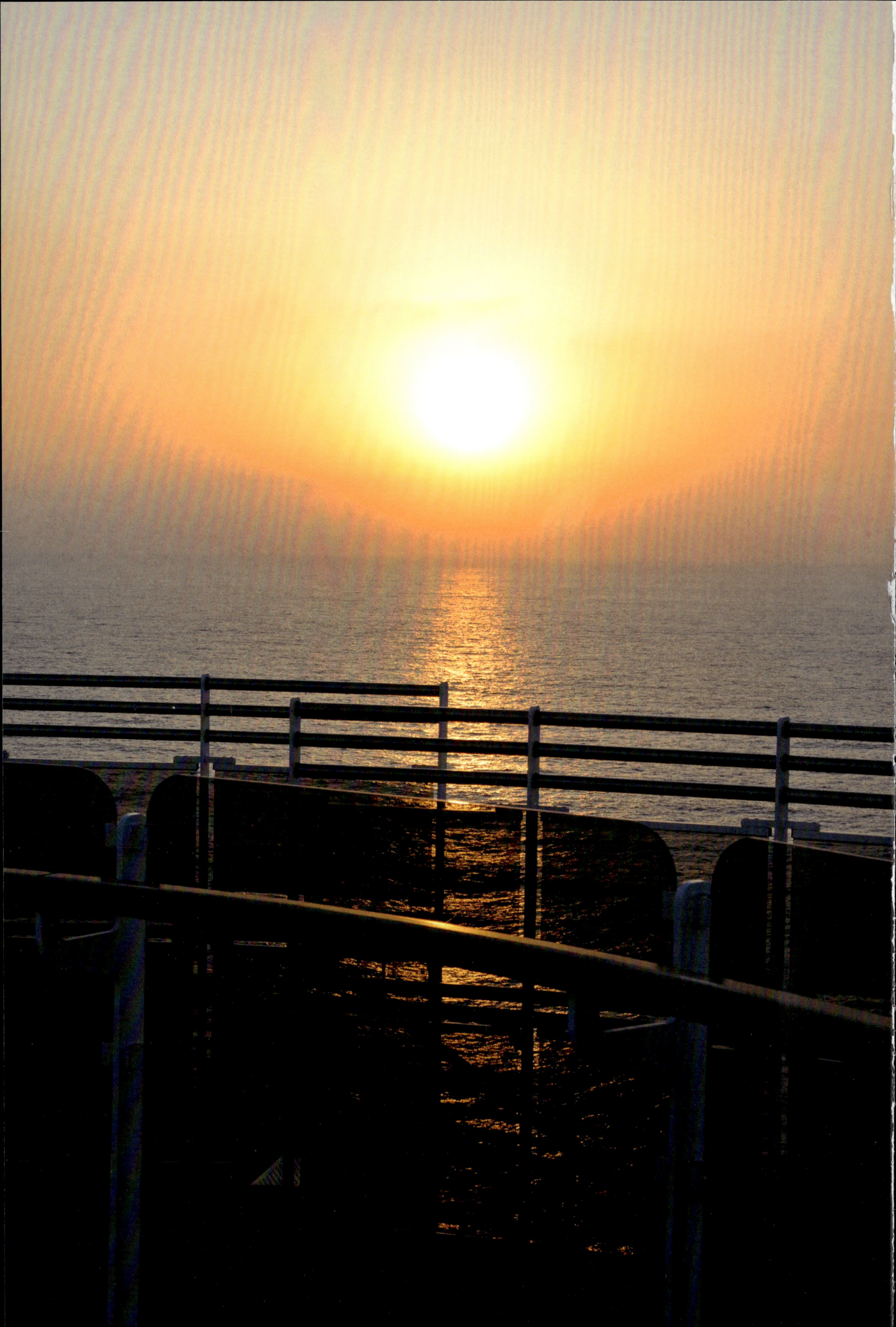

DECKSPLAN

VORN

MITTSCHIFFS

ACHTERN

Deck 12 | Deck 11 | Deck 10 | Deck 9

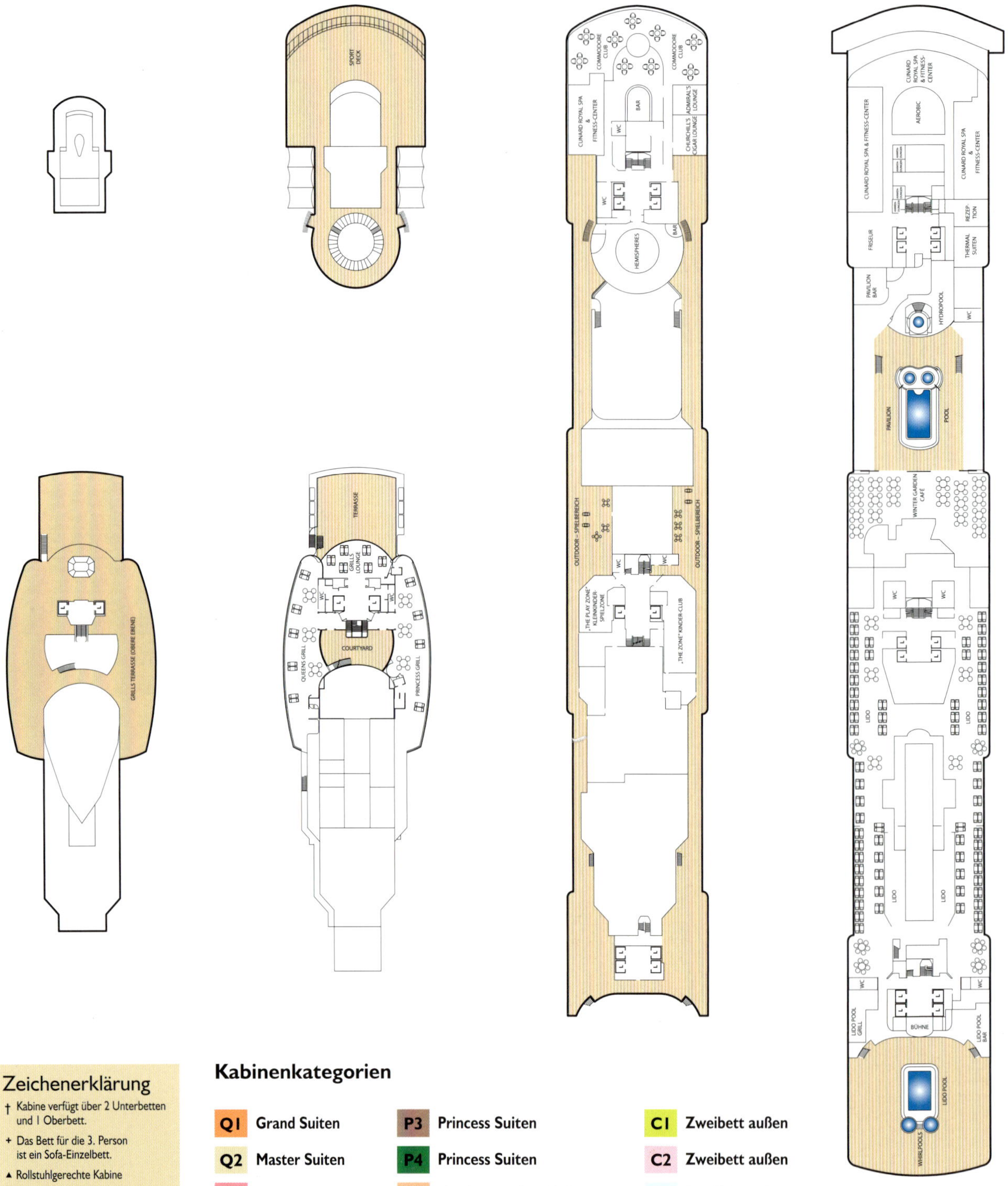

Zeichenerklärung

- † Kabine verfügt über 2 Unterbetten und 1 Oberbett.
- + Das Bett für die 3. Person ist ein Sofa-Einzelbett.
- ▲ Rollstuhlgerechte Kabine
- L Aufzug
- * Die Kabinen der Kategorien C4 & C5 sind erheblich sicht-behindert.
- ◆ Die Kabinen 6003 & 6004 haben Blick nach außen über den Bug.
- × Die Kabinen der Kategorie A6 auf Deck 5 sind teilweise sicht-behindert.
- ● Die Balkone der Kategorien A6 & A7 auf Deck 4 sind metallummantelt.

Kabinenkategorien

Q1	Grand Suiten	P3	Princess Suiten	C1	Zweibett außen		
Q2	Master Suiten	P4	Princess Suiten	C2	Zweibett außen		
Q3	Penthäuser	A1	Zweibett außen, Balkon	C3	Zweibett außen		
Q4	Penthäuser	A2	Zweibett außen, Balkon	C4	Zweibett außen *		
Q5	Queens Suiten	A3	Zweibett außen, Balkon	C5	Zweibett außen *		
Q6	Queens Suiten	A4	Zweibett außen, Balkon	D1	Deluxe Zweibett innen	D5	Zweibett innen
Q7	Queens Suiten	A5	Zweibett außen, Balkon	D2	Deluxe Zweibett innen	D6	Zweibett innen
P1	Princess Suiten	A6	Zweibett außen, Balkon ● ×	D3	Zweibett innen	D7	Zweibett innen
P2	Princess Suiten	A7	Zweibett außen, Balkon ●	D4	Zweibett innen	D8	Zweibett innen